校企合作计算机精品教材

U0590060

中文版 **Dreamweaver**

网页制作案例教程

主审　刘文宏

主编　李　华　覃　兵　王　娜

教·学
资　源

江苏大学出版社
JIANGSU UNIVERSITY PRESS

镇　江

内容提要

本书从初学者的角度出发,以通俗易懂的语言、丰富多彩的案例,详细介绍了网页设计与制作基础知识,以及使用 Dreamweaver 制作网页的方法。本书共分为 8 个项目,分别为网页设计与制作基础知识,网站规划与站点创建,网页中的文本、图像与音视频,网页中的列表与超链接,网页中的表格与表单,网页布局,行为、模板与库,实战案例——制作"爱学精品课"网站。

本书可作为各类院校计算机技术、软件技术及其他相关专业的专业基础课教材,也可作为相关培训学校的教学用书,还可作为网页制作爱好者的自学用书。

图书在版编目(CIP)数据

中文版Dreamweaver网页制作案例教程 / 李华,覃兵,王娜主编. — 镇江 : 江苏大学出版社,2024.1
(2025.2重印)
ISBN 978-7-5684-2127-0

Ⅰ. ①中… Ⅱ. ①李… ②覃… ③王… Ⅲ. ①网页制作工具-教材 Ⅳ. ①TP393.092.2

中国国家版本馆CIP数据核字(2024)第041372号

中文版 Dreamweaver 网页制作案例教程
Zhongwenban Dreamweaüer Wangye Zhizuo Anli Jiaocheng

主　　编 / 李 华 覃 兵 王 娜
责任编辑 / 李菊萍
出版发行 / 江苏大学出版社
地　　址 / 江苏省镇江市京口区学府路 301 号 (邮编:212013)
电　　话 / 0511-84446464 (传真)
网　　址 / http://press.ujs.edu.cn
排　　版 / 三河市祥达印刷包装有限公司
印　　刷 / 三河市祥达印刷包装有限公司
开　　本 / 787 mm×1 092 mm　1/16
印　　张 / 14.25
字　　数 / 326 千字
版　　次 / 2024 年 1 月第 1 版
印　　次 / 2025 年 2 月第 2 次印刷
书　　号 / ISBN 978-7-5684-2127-0
定　　价 / 68.00 元

如有印装质量问题请与本社营销部联系 (电话:0511-84440882)

PREFACE 前言

　　随着互联网的兴起和普及，越来越多的企业开始重视企业网站建设。设计精良的企业网站不仅有助于宣传企业文化、推广企业产品，还能为企业挖掘潜在的客户，这就促使网页设计与制作成为当前比较热门的岗位之一。

　　本书从实际工作出发，采用通俗易懂的语言，通过丰富多彩的案例和实训，系统地讲解了网页设计与制作的相关知识，以及使用Dreamweaver制作网页的方法，帮助学生提升网页制作能力。

1 本书特色

　　（1）春风化雨，立德树人。党的二十大报告指出："育人的根本在于立德。"本书以党的二十大精神为指导，积极贯彻价值塑造、能力培养、知识传授"三位一体"的育人理念，通过在正文的合适位置安排"素养之窗"栏目，潜移默化地培养学生的爱国主义情怀、社会责任感、工匠精神、职业精神和道德素养，引导学生树立正确的人生观和价值观，使其主动肩负起时代责任和历史使命，成为对国家和社会有用的时代新人。

　　（2）校企合作，工学结合。本书在编写过程中得到了一线教师和企业专家的指导，且书中所选取的案例均与实际应用紧密相关，不仅可以使学生更好地理解和掌握所学知识，做到即学即练、学以致用，还可以锻炼学生的工作思维和实践技能，帮助学生更快地达到企业岗位任职要求。

　　（3）全新形态，全新理念。本书采用项目任务式结构，循序渐进、深入浅出地介绍网页制作的理论知识，并设置与理论知识相匹配且美观实用的典型案例，便于学生快速理解知识点。本书的项目结构及特色如下。

　　❑ 项目导读：介绍项目背景知识，引出本项目的主要内容。

　　❑ 学习目标：包括知识目标、技能目标和素质目标，便于学生有针对性地学习知识要点、掌握具体技能和提高自身素质。

　　❑ 项目任务：每个项目至少包括两个任务，每个任务又由任务描述、任务准备、相关知识点和任务实施组成。其中，任务描述介绍任务背景及需求；任务准备提出讨论问题，引导学生在学习相关知识点前进行预习讨论；相关知识点介绍任务涉及的关键知识点；任务实施介绍综合应用相关知识点完成案例的具体步骤。

- ❑ 项目实训：安排与本项目理论知识相关的实训，提高学生的实际操作能力。
- ❑ 项目总结：总结和梳理本项目的重点内容，帮助学生巩固所学知识点。
- ❑ 项目考核：安排考查本项目理论知识的题目，帮助学生自我检查。
- ❑ 项目评价：提供学习成果评价表给学生与教师填写，帮助学生了解自己的学习情况。

（4）**典型案例，代码解析**。本书在前7个项目中安排多个典型案例，在最后一个项目中安排一个完整的网站开发案例，并为这些案例配备相应的代码及解析，帮助学生更好地理解所学内容。

（5）**体例丰富，教学相宜**。本书根据需要在各项目中安排"小贴士"等栏目，旨在解释和说明学生在学习中可能遇到的问题，启发学生思考。

（6）**数字资源丰富多彩**。本书配有丰富的数字资源，学生与教师可以借助手机或其他移动设备扫描二维码观看微课视频，也可以登录文旌综合教育平台"文旌课堂"查看和下载本书配套资源，如教学课件、项目考核答案、素材与实例等。学生在学习过程中若有什么疑问，也可以登录该平台寻求帮助。

此外，本书还提供了在线题库，支持"教学作业，一键发布"，教师只需通过微信或"文旌课堂"App扫描扉页二维码，即可迅速选题、一键发布、智能批改，并查看学生的作业分析报告，提高教学效率、提升教学体验。学生可在线完成作业，巩固所学知识，提高学习效率。

2 编者团队

本书由刘文宏担任主审，李华、覃兵、王娜担任主编，夏丙英、刘显杨、张维、任宏、吴娅红、徐凤昌担任副主编。

由于编者水平和经验有限，书中难免存在不妥之处，敬请广大读者批评指正。

3 特别说明

（1）在本书编写过程中，编者参考了大量资料，这些资料大部分已获授权，但由于部分资料来自网络，我们暂时无法联系到原作者。对此，我们深表歉意，并欢迎原作者随时与我们联系。

（2）本书所有案例均为企业真实案例，为避免引起不必要的误会，其中的企业名称和人名等信息均为化名。

🔍 | **本书配套资源下载网址和联系方式**

🌐 网址：https://www.wenjingketang.com

📞 电话：400-117-9835

✉ 邮箱：book@wenjingketang.com

目录

CONTENTS

项目一　网页设计与制作基础知识 ·········· 1

任务一　了解网页基础知识 / 2
　　任务描述 / 2
　　任务准备 / 2
　　　一、网站开发相关概念 / 2
　　　二、网站开发流程 / 4
　　　三、网页设计基础 / 6
　　　四、网页制作基础 / 11
　　任务实施——浏览并分析"北京鲁迅
　　　　　　　博物馆"网站 / 12
任务二　初识HTML5 / 13
　　任务描述 / 13
　　任务准备 / 14
　　　一、HTML5基本语法 / 14
　　　二、HTML5文档结构 / 15

　　任务实施——制作第一个网页 / 18
任务三　初识CSS3 / 20
　　任务描述 / 20
　　任务准备 / 20
　　　一、CSS3基本语法 / 20
　　　二、CSS3选择器 / 21
　　　三、CSS3的继承性与层叠性 / 24
　　　四、CSS3的引入方式 / 25
　　任务实施——美化第一个网页 / 26
**项目实训——制作"古诗欣赏"
　　　　　　　网页** / 27
项目总结 / 28
项目考核 / 29
项目评价 / 30

项目二　网站规划与站点创建 ·········· 31

任务一　网站规划 / 32
　　任务描述 / 32

　　任务准备 / 32
　　　一、网站规划的主要任务 / 32

二、网站规划书 / 33

任务实施——制作"科技学院"网站
规划书 / 34

任务二　使用Dreamweaver 2021 创建站点 / 34

任务描述 / 34

任务准备 / 35

一、Dreamweaver 2021的工作
界面 / 35

二、Dreamweaver 2021的首选项
设置 / 39

三、创建并管理站点 / 41

四、在站点中创建并管理文件 / 44

任务实施——创建"科技学院"网站
站点 / 46

项目实训——创建"童趣服装店"网站站点 / 47

项目总结 / 47

项目考核 / 48

项目评价 / 49

项目三　网页中的文本、图像与音视频 ······ 50

任务一　在网页中添加文本 / 51

任务描述 / 51

任务准备 / 51

一、添加文本 / 51

二、添加特殊字符 / 54

三、设置文本样式 / 54

任务实施——制作"科技学院"主页的
"通知公告"模块 / 57

任务二　在网页中添加图像 / 61

任务描述 / 61

任务准备 / 61

一、添加图像 / 61

二、设置图像样式 / 63

三、设置元素背景 / 64

四、设置变形与过渡 / 65

任务实施——制作"科技学院"主页的
"新闻动态"模块 / 67

任务三　在网页中添加音视频 / 69

任务描述 / 69

任务准备 / 70

一、添加音频 / 70

二、添加视频 / 71

任务实施——制作"科技学院"主页的
"学院风采"模块 / 72

项目实训——制作"童趣服装店"主页的"经典爆款"模块 / 74

项目总结 / 75

项目考核 / 76

项目评价 / 77

项目四　网页中的列表与超链接 ······ 78

任务一　在网页中添加列表 / 79

任务描述 / 79

任务准备 / 79

一、添加列表 / 79

二、设置列表样式 / 81

任务实施——在"科技学院"主页中
添加列表 / 82

任务二　在网页中添加超链接 / 84

任务描述 / 84

任务准备 / 84

一、添加超链接 / 84

二、设置超链接样式 / 86

任务实施——在"科技学院"主页中
添加超链接 / 88

任务三　制作常见导航栏 / 90

　　任务描述 / 90
　　任务准备 / 91
　　　　一、制作横向导航栏 / 91
　　　　二、制作纵向导航栏 / 93
　　　　三、制作下拉导航栏 / 95
　　任务实施——制作"在线学习网"
　　　　　　主页的导航栏 / 98

**项目实训——制作"童趣服装店"
　　　　　主页的导航栏 / 100**

项目总结 / 101

项目考核 / 102

项目评价 / 103

项目五　网页中的表格与表单 ………………………………………………… 104

任务一　在网页中添加表格 / 105

　　任务描述 / 105
　　任务准备 / 105
　　　　一、添加表格 / 105
　　　　二、调整表格结构 / 107
　　　　三、设置表格样式 / 111
　　任务实施——制作"列车时刻表"
　　　　　　网页 / 111

任务二　在网页中添加表单 / 115

　　任务描述 / 115
　　任务准备 / 115
　　　　一、添加表单 / 116
　　　　二、添加表单控件 / 118
　　　　三、设置表单样式 / 121
　　任务实施——制作"调查问卷"
　　　　　　网页 / 125

**项目实训——制作"童趣服装店"
　　　　　全部商品页 / 130**

项目总结 / 131

项目考核 / 132

项目评价 / 133

项目六　网页布局 ……………………………………………………………… 134

任务一　掌握网页布局 / 135

　　任务描述 / 135
　　任务准备 / 135
　　　　一、盒子模型 / 135
　　　　二、元素的浮动 / 137
　　　　三、元素的定位 / 139
　　任务实施——布局"在线学习网"
　　　　　　主页 / 142

任务二　构建经典网页布局 / 144

　　任务描述 / 144
　　任务准备 / 144
　　　　一、单列布局与双列布局 / 145
　　　　二、三列布局 / 146
　　任务实施——布局"科技学院"
　　　　　　主页 / 148

任务三　构建响应式布局 / 149

　　任务描述 / 149
　　任务准备 / 150
　　　　一、视口 / 150
　　　　二、媒体查询 / 153
　　任务实施——为"在线学习网"主页
　　　　　　构建响应式布局 / 153

**项目实训——布局"童趣服装店"
　　　　　主页 / 157**

项目总结 / 158

项目考核 / 159

项目评价 / 160

目
录

III

项目七　行为、模板与库 161

任务一　在网页中添加行为 / 162
　任务描述 / 162
　任务准备 / 162
　　一、行为、事件与动作 / 162
　　二、添加行为 / 163
　　三、JavaScript基础知识 / 166
　任务实施——制作"科技学院"
　　　　　　主页的提示公告 / 171

任务二　使用模板 / 172
　任务描述 / 172
　任务准备 / 172
　　一、创建模板 / 173
　　二、编辑模板 / 175
　　三、应用模板 / 176
　　四、管理模板 / 178

任务实施——使用模板制作"科技
　　　　　　学院"人才引进页 / 178

任务三　使用库 / 182
　任务描述 / 182
　任务准备 / 182
　　一、创建库 / 183
　　二、编辑库 / 185
　　三、应用库 / 185
　任务实施——使用库完善"科技学
　　　　　　院"人才引进页 / 186

项目实训——完善"童趣服装店"
　　　　　　全部商品页 / 188

项目总结 / 189

项目考核 / 190

项目评价 / 191

项目八　实战案例——制作"爱学精品课"网站 192

任务一　规划"爱学精品课"
　　　　网站 / 193
　任务描述 / 193
　任务实施 / 193

任务二　创建"爱学精品课"
　　　　网站站点 / 193
　任务描述 / 193
　任务实施 / 194

任务三　制作"爱学精品课"
　　　　主页 / 195
　任务描述 / 195

　任务实施 / 196

任务四　制作"爱学精品课"
　　　　课程页 / 208
　任务描述 / 208
　任务实施 / 209

任务五　测试与发布"爱学精品课"
　　　　网站 / 216
　任务描述 / 216
　任务实施 / 217

项目评价 / 218

参考文献 220

中文版 Dreamweaver网页制作案例教程

项目一

网页设计与制作基础知识

项目导读

　　如今，利用网络平台进行工作、学习已经成为人们的生活常态，网站因此成了各类大小公司的必需品，网页设计与制作相关工作也就随之成了热门职业。本项目将带领大家学习网页设计与制作基础知识，为接下来的深入学习打下良好的基础。

学习目标

知识目标

▸ 了解网页基础知识。
▸ 掌握HTML5基础知识。
▸ 掌握CSS3基础知识。

技能目标

▸ 能够分析并总结网站的特点。
▸ 能够使用HTML5与CSS3制作简单的网页。

素质目标

▸ 培养良好的工作和学习习惯。
▸ 树立独立思考的意识。

任务一　了解网页基础知识

任务描述

　　网页是网络资源与信息传播的重要载体，也是网站的基本组成部分。本任务首先介绍网页基础知识，然后从整体布局和设计的角度对"北京鲁迅博物馆"网站进行分析，便于读者深入理解相关知识在实际网站中的应用。

任务准备

　　全班学生以3～5人为一组，各组选出小组长，小组长组织组内成员扫码观看视频"网页设计师"，讨论并回答以下问题。

　　问题1：如何了解网页设计与制作相关岗位的职责？

网页设计师

　　问题2：简述网页设计与制作相关岗位的职责。

一、网站开发相关概念

1. Internet

Internet的全称是Internetwork（因特网），是集现代计算机技术和通信技术于一体的、全球最大的开放式计算机网络。它基于TCP/IP协议，通过网络互联设备将不同国家、不同地区、不同部门和不同类型的计算机、国家骨干网、广域网、局域网等进行连接。

Internet提供的服务包括信息服务、文件传输服务、远程登录服务、电子邮件服务及域名解析服务等。

2. IP 地址

因特网上连接了不计其数的服务器和客户机，每一个主机在因特网上都有一个唯一的地址，称为 IP 地址（internet protocol address）。IP 地址是一个 32 位的二进制数，为方便使用，一般用 4 个小于 256 的十进制数表示，4 个十进制数之间用 "."间隔。例如，"61.135.150.126" 就是一个 IP 地址。

3. 域名

由于 IP 地址在实际使用中不方便记忆和书写，因此人们又设计了一种与 IP 地址对应的名称来表示地址，即域名。每一个网站都有自己的域名，并且域名是独一无二的。例如，在浏览器地址栏中输入百度网站的域名 "baidu.com"，然后按 "Enter" 键即可访问百度网站。

4. 网址

在访问某个网页时，一般都需要在浏览器的地址栏中输入该网页的网址。网址又称 URL（uniform resource locator），即统一资源定位符，是世界通用的、负责定位万维网资源（如网页）的标准字符串。一个完整的 URL 由通信协议名称、域名或 IP 地址、资源在服务器中的路径和文件名组成，如图 1-1 所示。

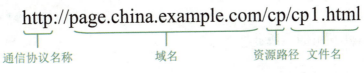

图 1-1　URL 示例

　　万维网（world wide web，WWW）又称全球信息网，它将世界各地的信息资源以超文本或超媒体的形式组织成一个巨大的信息网络，使用户可以通过浏览器获取感兴趣的信息。这些信息由URL标识，通过HTTP传送给用户。

　　HTTP（hypertext transfer protocol，超文本传输协议）是一种用于在互联网上传输超文本数据的通信协议。

5. 网站、网页和主页

　　网站是一组相关网页的集合。网页就是人们上网时在浏览器中打开的一个个画面（也称页面）。一个小型网站可能只包含几个网页，一个大型网站则可能包含成千上万个网页。例如，新浪网就包含新闻、财经、科技、体育、娱乐等多个栏目，而每个栏目又包含很多网页。

　　此外，打开某个网站时显示的第一个页面称为网站的主页（或首页）。例如，中国铁路12306官方网站的主页如图1-2所示。

图1-2　中国铁路12306官方网站的主页

二、网站开发流程

　　网站开发流程从整体上来说可以分成4个部分，分别是网站规划、网站设计、网站制作和后期维护，如图1-3所示。

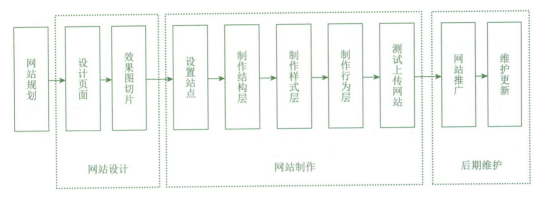

图1-3 网站开发流程

下面详细介绍网站开发的流程。

1. 网站规划

网站规划一般包括分析策划和资料收集。在制作网站前，需要先分析网站的功能需求及建站的目的，再确定网站的用户画像和主要内容，最后搜集建站所需的相关资料和素材并出具详细的网站规划书。在网站规划的过程中可以要求客户提供相关的文本、图像等资料，如公司介绍、产品图像等。

2. 设计页面

规划完成后进入网站设计阶段，设计师使用图像处理软件设计效果图。效果图主要包括网站主页效果图和各子页效果图等。设计师将效果图设计好后交给客户查看，然后根据客户返回的意见进行修改，直至客户确定最终的效果图。

3. 效果图切片

在效果图得到客户认可后，设计师使用图像处理软件将效果图切割并保存为较小的图像文件，留待制作网页时使用。

4. 设置站点

从这一步开始进入网站制作阶段。首先开发人员在本地磁盘中创建网站根文件夹及子文件夹，并将所有素材资源分类放置在各文件夹中，然后使用网页制作软件定义站点。

5. 制作网页

具体的网页制作过程可以分为制作结构层、制作样式层与制作行为层。制作结构层是指使用HTML5搭建网页的主体结构，如页眉、导航栏、主体内容、页脚等；制作样式层是指使用CSS3完成网页的布局和外观设置；制作行为层是指使用JavaScript实现用户与网页的动态交互。

6. 测试上传网站

在网站中的所有网页制作完成后，需要对网站进行测试及优化。测试包括功能测试、兼容性测试、超链接测试等。将测试过程中出现的问题逐一解决后，即可利用相关工具将网站发布到客户所申请的空间服务器上。

7. 网站推广与维护更新

在网站发布后，需要进行宣传和推广工作以提高网站的访问量及知名度。推广网站的方法有很多，如借助搜索引擎、群发电子邮件、借助同类网站留言、加入友情链接、传统媒体宣传等。与此同时，还需要定期维护网站和更新网站内容，以达到持续吸引用户的目的。

三、网页设计基础

网站的网页设计效果决定了用户对网站的第一印象，设计效果好的网页能够吸引更多用户访问。

1. 网页的基本元素

从浏览者的角度出发，网页中主要包含文本、图像、音视频、超链接等元素。

（1）文本。文本是最常用的信息表达元素（见图1-4），新闻资讯、产品信息、企业介绍等都可以使用文本来表达。可以说，文本是网页中必不可少的元素。

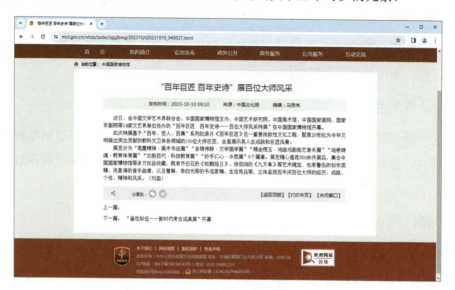

图1-4 网页中的文本

（2）图像。图像能够给人非常直观的视觉效果，具有展示、装饰等功能（见图1-5），在网页中主要用作标题、广告条、网页背景、网页主图、图像超链接等。

图1-5　网页中的图像

（3）音视频。音频、视频等也是网页中比较常见的元素，它们能够丰富用户的浏览体验。

（4）超链接。超链接是网页不可缺少的元素，它的作用是实现不同网页之间的跳转，即从一个网页跳转到另一个网页。可以说，超链接就是网页之间的桥梁，使用它才能将网页组成网站。

2．网页的组成模块

从设计者的角度出发，网页一般由若干个不同功能的模块组成，主要有网站Logo、页眉、导航栏、Banner、内容区与页脚等。

（1）网站Logo。网站Logo主要指企业或网站的标志，是网页的重要组成部分。形象美观的网站Logo能够快速给用户留下深刻的印象，达到识别和推广的目的，如图1-6所示。

图1-6　网站Logo

　　（2）导航栏。导航栏就是网站的目录，用户使用导航栏能够快速查找需要的信息并跳转至目标页面，如图1-7所示。

图1-7　网页中的导航栏

　　（3）Banner。Banner的中文直译为横幅，在网页中特指页面上方最醒目的广告区域。该区域通常用于展示特点鲜明、风格独特的海报图像，是网页的宣传中心，如图1-8所示。

图1-8　网页中的Banner

　　（4）内容区与页脚。内容区与页脚都是放置网页相关内容的模块。其中，内容区用于显示当前页面的主体内容；页脚用于显示网站的联系方式、版权信息等，如图1-9所示。

图1-9　网页中的页脚

3．网页版式

网页的版式设计决定了网页的艺术风格与整体基调。网页版式有分栏型（骨骼型）、满版型、分割型、中轴型、曲线型、倾斜型、对称型、焦点型、三角型、自由型等，下面简单介绍几种常见的版式。

（1）分栏型。分栏型又称骨骼型，是指使用类似报纸、杂志的分割方式，将页面划分为若干栏，常见的划分方式有横向（竖向）通栏、双栏、三栏等。这种版式给人以清晰、有条理的视觉效果，如图1-10所示。

图1-10　分栏型网页

（2）满版型。满版型是使用图像铺满整个页面的版式，有时也搭配文案展示相关信息，整体视觉效果直观且强烈，能够突出重点，如图1-11所示。

图1-11　满版型网页

（3）分割型。分割型包括上下分割型与左右分割型，分割开的区域分别展示文本与图像，通过调整分割区域的比例与元素的疏密，可以制作出各种和谐自然的网页。

（4）中轴型。中轴型是将图像与文本沿着浏览器窗口的中轴水平或垂直排列的版式，具有简洁大气的视觉效果。

4. 网页配色

网页配色是决定网页是否美观的关键因素之一，可以分为非彩色配色与彩色配色两种。顾名思义，非彩色配色是指黑色、白色和灰色的搭配；彩色配色是指若干种颜色的搭配。一般来说，彩色配色虽然会比非彩色配色更容易吸引用户的注意力，表达也更加多元，但非彩色配色如果搭配得当也会产生非常独特的视觉效果。

（1）非彩色配色常用于具有大段文本的区域，无论是黑底白字还是白底黑字都会给人清晰明了、简洁大方的视觉效果。此外，灰色是一种万能颜色，在网页中适当点缀一些灰色能够提高设计的质感。

（2）彩色配色用途广泛，能够用于网页的各个区域。彩色配色的核心问题是如何选择并搭配颜色，一般可从以下几个方面考虑。

① 单一配色。单一配色是指使用一个色系的颜色设计网页。例如，选用深绿色作为主要颜色设计网页时，可以在部分模块中使用浅绿色进行点缀，使网页看起来和谐统一，富有层次感。

② 相邻配色。相邻色的概念依托于色环（见图1-12），色环是一种颜色分布图，在色环上相邻的颜色即为相邻色。相邻的两种或三种颜色搭配在一起，会使网页呈现出舒适、自然的视觉效果。

图1-12　色环

③ 对比配色。对比色是指在色环上相对的两种颜色，如紫色和黄色、蓝色和橙色等。运用对比配色设计的网页通常具有强烈的视觉冲击力，能够快速吸引用户的注意力。

四、网页制作基础

在动手制作网页前，需要先了解网页类型、网页制作相关语言、网页制作相关工具等基础知识。

1. 网页类型

从实现原理和功能上区分，网页可分为静态网页与动态网页两种类型。

（1）静态网页。仅使用HTML5编写的网页为静态网页，扩展名为".htm"或".html"。

静态网页并不是指网页静止不动，而是指网页没有后台数据库支持。静态网页具有以下基本特点。

① 每一个静态网页都是一个独立的文件，内容相对稳定，容易被搜索引擎检索。

② 静态网页没有数据库支持，网页制作与维护更加耗时。

③ 静态网页交互性相对较弱，功能受限。

（2）动态网页。动态网页与静态网页相对应，是指结合HTML5与ASP、PHP、JSP或ASP.NET等编程语言编写的具有数据库支持的网页。

动态网页可以通过程序访问数据库，具有交互功能，也称为交互式网页。动态网页可以独立存在于服务器上，也可以由程序根据用户的请求自动生成。动态网页具有以下基本特点。

① 动态网页与数据库相连接，数据更新更加便捷，网站维护的工作量相对较低。

② 动态网页能够实现用户注册、用户登录、信息管理等功能，并根据用户需求动态响应。

③ 动态网页的内容不固定，不易被搜索引擎检索。

小贴士

静态网页和动态网页各有特点，设计时可以根据建站需求进行选择。例如，功能性不强、更新频率不高的页面可以采用静态网页，反之则采用动态网页。

2. 网页制作相关语言

网页制作相关语言可分为前端语言与后端语言两类。前端语言主要包括HTML5、CSS3、JavaScript等，后端语言主要包括PHP、Python、Java、ASP.NET等。本书主要介绍前端语言中的HTML5、CSS3与JavaScript，它们是网页制作前端语言中最核心、最基础的语言。

（1）HTML5。HTML（hypertext markup language，超文本标记语言）是制作网页

的主要语言，网页中的文本、图像、表格和超链接等都可以用HTML标签定义。目前使用最广泛的HTML版本是HTML5。

（2）CSS3。CSS（cascading style sheets，层叠样式表）用于设置网页中各元素的样式，如文本的大小与颜色、图像的边框与位置等。目前使用最广泛的CSS版本是CSS3。

（3）JavaScript。JavaScript简称JS，它是一种具有函数优先特点的轻量级、解释型（或即时编译型）编程语言。JavaScript能够控制网页中的元素，实现用户与网页的动态交互，常用于设置网页的动态效果与响应事件等，常见的下拉菜单、轮播图等效果都是使用JavaScript实现的。

3. 网页制作相关工具

（1）设计工具。网页效果图或制作网页过程中使用的素材图像通常都是用制图工具制作或处理的。常用的设计工具有Adobe Photoshop、Adobe Illustrator和CorelDRAW等，最常用的是Adobe Photoshop，也就是人们常说的PS。

（2）制作工具。网页文件实际上是一种文本文档，使用计算机自带的记事本软件即可编写制作。不过记事本软件的功能相对匮乏，对使用者的技术要求较高，不适合初学者使用。常用的专业工具有Notepad++、Sublime Text、HBuilder X和Adobe Dreamweaver等，对于初学者来说最适合使用Adobe Dreamweaver，本书选用的工具正是该软件的2021版本。

（3）测试工具。网页测试的主要工具是浏览器，常用的浏览器有谷歌浏览器、360浏览器等。

任务实施——浏览并分析"北京鲁迅博物馆"网站

步骤 1 在浏览器（本书使用谷歌浏览器）中打开"北京鲁迅博物馆"网站并浏览，如图1-13所示。

图1-13 浏览"北京鲁迅博物馆"网站

步骤 **2** 分析网站。

① 网页整体布局比较规整，页眉部分（见图1-14）采用横向通栏的版式，内容部分（见图1-15）采用分栏版式，在突出主题的基础上展示了更多内容。

图1-14 "北京鲁迅博物馆"网站页眉部分

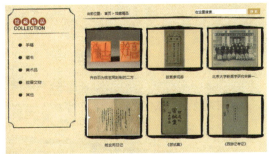

图1-15 "北京鲁迅博物馆"网站主页及次级页面内容部分

② 网站整体设计比较和谐，采用土黄色作为主色调，在导航栏与Banner部分（见图1-16）使用了水墨元素，在部分装饰图像中使用了鲁迅先生擅长的版画（见图1-17），符合当前网站的主题，并且体现出鲜明的独特性。

图1-16 "北京鲁迅博物馆"网站导航栏与Banner部分　　图1-17 装饰图像

任务二 初识HTML5

任务描述

HTML5是网页制作前端语言中最重要的语言，学习HTML5是学习网页制作的第一步。本任务首先介绍HTML5的基本语法与文档结构，然后通过在记事本中输入HTML5代码制作一个简单的网页。

任务准备

全班学生以3～5人为一组，各组选出小组长，小组长组织组内成员扫码观看视频"HTML的发展"，讨论并回答以下问题。

问题1：HTML有哪些版本？

HTML的发展

问题2：HTML5的优势有哪些？

一、HTML5基本语法

HTML5中包含上百个标签，如标题标签<h1>、段落标签<p>等，这些标签在被浏览器解析和渲染后即生成了网页中所显示的内容。在HTML5中，标签是由一对尖括号（"<"和">"）括起来的关键词。例如，<html>、
与<!-- -->都属于标签。

1．HTML5标签的分类

基于HTML5标签的组成与显示形式，可以将HTML5标签分为不同的种类。

（1）按照HTML5标签的组成分类，可以将标签分为双标签与单标签。

① 双标签。双标签是指由开始标签和结束标签组成的标签，基本语法格式如下。

> <标签名>内容</标签名>

例如，<title>…</title>就是一个双标签，用于标记网页标题。

小贴士

HTML5标签不区分大小写。例如，"<P>标签的大小写</p>"在HTML5中是符合语法规则的。但是在实际工作中建议统一小写，便于后期修改与维护。

② 单标签。单标签也称为空标签，是指仅有开始标签且在开始标签中自动闭合的标签，基本语法格式如下。

```
<标签名 />
```

例如，<hr />就是一个单标签，用于标记一条水平线。单标签中的"/"可以省略。

（2）按照HTML5标签的显示形式分类，可以将标签分为块级标签和行内标签。

① 块级标签。块级标签的内容在浏览器中显示时独占一行，类似于在内容的首尾各添加了一个换行符。例如，<h1>与<p>标签都是块级标签，使用它们标记的内容将独占一行，且这些标签之后的内容同样也会另起一行。

② 行内标签。行内标签的内容在浏览器中显示时不能独占一行。若行内标签前后没有块级标签，则内容可显示在同一行中。例如，用于标记斜体的<i>标签就是一个行内标签。

需要注意的是，块级标签既可以包含其他块级标签，也可以包含行内标签，而行内标签不可以包含块级标签。

小贴士

在HTML5中还有一个特殊的标签，即注释标签。注释标签的内容不会显示在页面上，但是会保存在页面的源代码中。它的基本语法格式如下。

```
<!--注释内容-->
```

在网页各功能模块代码的开头和结尾处添加注释标签，可以方便其他开发人员修改和理解代码。

2. HTML5标签的属性

在HTML5中，可以根据需要设置标签的属性，如设置段落标签（文本）的样式（字体大小）等。设置标签属性的语法格式如下。

```
<标签名 属性1="属性值1" 属性2="属性值2">内容</标签名>
```

一个标签可以设置多个属性，标签名和属性名之间用空格隔开，属性之间不分先后顺序。标签的属性省略时将使用其默认值。

二、HTML5文档结构

最简单的HTML5文档结构包括DOCTYPE声明、html元素、head元素与body元素，如图1-18所示。除此之外，HTML5还提供了一些其他结构元素，用于标记页面的不同区域。

```
1   <!doctype html>
2 ▼ <html>
3 ▼ <head>
4   <meta charset="utf-8">
5   <title>无标题文档</title>
6   </head>
7
8   <body>
9   </body>
10  </html>
```

图1-18　最简单的HTML5文档结构

元素是HTML5中的一种概念，指某个标签及其中的内容。通常情况下，"元素"和"标签"所指的内容相同。例如，p元素和<p>标签都是指"<p>...</p>"。因此，一般不具体区分这两个概念。

1. DOCTYPE声明

DOCTYPE声明是面向浏览器的说明，表示当前文档使用的标准规范，一般位于文档首行。图1-18中的"<!doctype html>"代码表示当前文档使用HTML5标准。

素养之窗

如果省略DOCTYPE声明，大多数浏览器也能够正确显示文档内容，但是我们在编写代码时不应该依赖浏览器的处理，而是应该保持良好的工作习惯，正确声明文档所使用的标准规范。

2. html元素

html元素是HTML5文档的根元素，用于告知浏览器自身是一个HTML5文档。<html>开始标签标志着HTML5文档的开始，</html>结束标签标志着HTML5文档的结束，它们之间一般包含HTML5文档的头部和主体的大块内容。

3. head元素

head元素用于标记HTML5文档的头部，也称为头部标记。head元素一般放置在<html>开始标签之后，用于封装其他位于HTML5文档头部的标签。这些封装的标签中存储着网页的各种基本信息，可以使浏览器快速解析代码，但标签的内容一般不会显示在页面中。HTML5文档头部一般包括以下内容。

（1）网页标题。<title>标签用于标记网页标题，浏览器会将标签的内容显示在标题栏或状态栏中。

小 贴 士

网页标题是搜索引擎识别网页内容的标识，它影响网页在搜索引擎中的排名，一个清晰明确的网页标题可以为网站带来更大的访问量。

（2）网页元信息。<meta>标签用于标记网页元信息，设置网页的相关属性，方便搜索引擎检索网页。

小 贴 士

<meta>标签还可以标记文档的字符编码，如图1-18中的代码"<meta charset="utf-8">"表示将网页文档的字符编码设置为"utf-8"。

（3）网页视口。网页视口就是浏览器中显示网页的区域，通过设置视口的宽度、缩放比例等属性可以使网页适配各种屏幕尺寸的设备，具体设置方法见项目六。

4．body元素

body元素用于标记HTML5文档所要显示的内容，也称为主体标记。网页中所有需要显示的信息（文本、图像、音频和视频等）都应写在<body>标签之内。

小 贴 士

html、head和body这3个元素在一个HTML5文档中只能各出现一次，且<head>和<body>标签必须写在<html>标签之内，<body>标签写在<head>标签之后，并与<head>标签并列。

5．其他结构元素

除上述基本元素外，HTML5还提供了多种用于放置不同内容的结构元素。

（1）header元素。header元素用于标记页眉，描述整个网页的标题栏（网站Logo、导航栏等）。

（2）nav元素。nav元素用于标记导航链接，描述具有导航功能的超链接组合。

（3）main元素。main元素用于标记主要区域，描述当前网页的主要内容。一个网页中只能包含一个main元素。

（4）article元素。article元素用于标记文章块，描述网页中的一个独立内容，如新闻文章、博客条目、用户评论等。

（5）section元素。section元素用于标记区块，描述网页中的一节，对网页内容进行分区，如网页中的章节、头部或尾部等。

（6）aside元素。aside元素用于标记附栏（侧边栏），描述一个附加内容块，如与当前网页或主要内容相关的引用、侧边广告等。

（7）footer元素。footer元素用于标记页脚，如版权信息、作者信息等，一般位于网页底部。

除上述结构元素之外，HTML5中还有两个无语义容器，分别是div元素和span元素。其中，div元素对应的<div>标签为块级标签，span元素对应的<span>标签为行内标签，在网页中灵活使用这两个标签进行布局，可以使网页结构更加清晰。

任务实施——制作第一个网页

在学习HTML5基础知识后即可使用它制作网页。本任务实施通过使用HTML5制作一个简单的网页文档，来加深读者对相关知识的理解。网页运行的页面效果如图1-19所示。

制作第一个网页

图1-19　网页的页面效果

步骤 1 打开文件资源管理器，在合适的存储位置右击，在弹出的快捷菜单中选择"新建"/"文本文档"选项，新建一个文本文档，如图1-20所示。

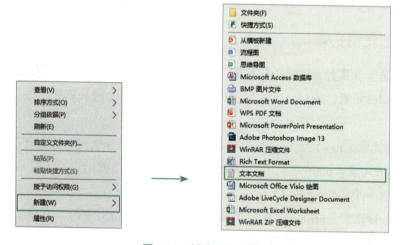

图1-20　新建文本文档

步骤 2 将新建的文本文档命名为"1-2.html"，系统会自动打开"重命名"对话框，单击"是"按钮，即可将文本文档保存为网页文件，如图1-21所示。

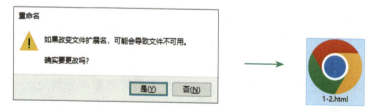

图1-21　将文本文档保存为网页文件

小贴士

在重命名文档时，如果因为不显示扩展名而出现无法修改扩展名的情况，可以打开文件资源管理器，单击"查看"按钮，在展开的功能区勾选"文件扩展名"复选框，显示文件的扩展名，如图1-22所示。

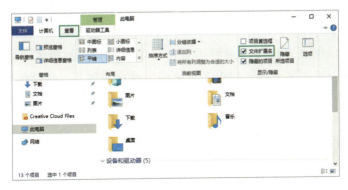

图1-22　显示文件的扩展名

步骤 3 右击重命名后的网页文件，在弹出的快捷菜单中选择"打开方式"/"记事本"选项，将其打开，如图1-23所示。

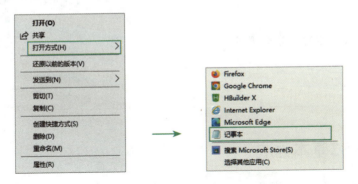

图1-23　使用记事本打开网页文件

步骤 4 在记事本中输入HTML5代码（见图1-24），然后按"Ctrl+S"组合键保存网页文件。

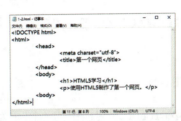

图1-24　网页的代码

步骤 5 关闭记事本，在文件资源管理器中双击网页文件，运行效果如图1-19所示。

任务三　初识CSS3

 任务描述

　　CSS3是实现网页表现层的重要语言，可以使网页更加美观。本任务首先介绍CSS3基本语法、选择器、特性与引入方式等，然后在任务二制作的网页文件的基础上，使用链接样式表的方式引入CSS3对网页进行美化。

任务准备

　　全班学生以3～5人为一组，各组选出小组长，小组长组织组内成员扫码观看视频"CSS3概述"，讨论并回答以下问题。

　　问题1：CSS3在网页制作中的重要性体现在哪些方面？

　　问题2：CSS3的优势有哪些？

CSS3概述

一、CSS3基本语法

　　CSS3样式表是由一个或多个CSS3样式组成的，每个CSS3样式由选择器和声明组成。CSS3样式的基本语法格式如图1-25所示。

图1-25　CSS3样式的基本语法格式

　　CSS3样式通过选择器匹配HTML5文档中的不同元素（如标题），然后对这些元素应用声明中设置的样式属性（如文本颜色），以达到美化网页的效果。下面详细介绍CSS3样式的各组成部分。

（1）选择器。选择器用于匹配HTML5文档中的特定元素，可以是一个或多个。

（2）声明。一个CSS3样式中可以有多个声明，声明之间用分号隔开并共同放置在一对大括号（样式分隔符）中。声明由属性和属性值两部分组成，用于告知浏览器如何渲染指定元素。

（3）属性。属性是用于设置样式的具体效果项，具体属性的名称一般由一个或多个单词组成，多个单词中间用连字符连接。

（4）属性值。属性值是设置属性效果的值，可以是数值或关键字。

二、CSS3选择器

要想使用CSS3设置网页样式，首先需要设置正确的选择器，从而匹配到相应的目标元素。在CSS3中，可以应用不同功能的选择器，下面分别介绍。

1. 基本选择器

基本选择器包括标签选择器、类选择器和ID选择器。

（1）标签选择器。HTML5文档由标签组成，标签选择器就是直接引用各类标签的选择器。例如，如下代码表示设置<p>标签的样式。

```
p{font-size:20px;color:lightblue;}
```

标签选择器是最常用的选择器，通常用它来统一设置某类元素的基本样式。

> **小贴士**
>
> CSS3中有一个特殊的选择器——通配选择器（用"*"表示），它能够匹配文档中的所有标签。

（2）类选择器。类选择器以"."为前缀，跟随一个自定义类名，如.p1{...}表示匹配class属性值为"p1"的所有元素。类选择器可以使不同的元素拥有相同的样式，也可以使相同的元素拥有不同的样式。

使用类选择器需要为标签设置class属性，如<p class="p1">（class属性可以设置多个值，各值之间用空格隔开），属性值就是类选择器的名称。

（3）ID选择器。ID选择器以"#"为前缀，跟随一个自定义的ID名，如#p2{...}表示匹配id属性值为"p2"的元素。ID选择器的使用方式与类选择器基本相同，区别在于ID选择器只能应用于一个元素，而类选择器可以应用于多个元素。

使用ID选择器需要为标签设置id属性（id属性仅可以设置一个属性值，且在同一个网页中不同标签的id属性值不可相同），如<p id="p2">，属性值就是ID选择器的名称。

2. 组合选择器

如果想要设置复杂的网页样式，就需要使用组合选择器来精确匹配网页元素，下面介绍几种常用的组合选择器。

（1）包含选择器。包含选择器使用空格连接两个选择器。左侧选择器表示祖先元素，右侧选择器表示其后代元素，如 div p{…} 表示匹配 div 元素之内的所有 p 元素。

（2）子选择器。子选择器使用">"连接两个选择器，左侧选择器表示父元素，右侧选择器表示其子元素，如 div>p{…} 表示匹配 div 元素的 p 子元素。

小 贴 士

相对于子选择器而言，包含选择器的匹配范围更广，祖先元素之下的所有对应后代元素都将被匹配，而子选择器只能匹配父元素下一级元素（子元素）中的对应元素。

（3）相邻选择器。相邻选择器使用"+"连接两个选择器，只有满足该连接顺序的、同级的、相邻的元素才会成功匹配。例如，在 HTML5 文档中有 <div><h1>…</h1><p>…</p></div>，可使用 h1+p{…} 匹配与 h1 元素相邻的、同级的一个 p 元素。

（4）兄弟选择器。兄弟选择器使用"~"连接两个选择器，它在相邻选择器的基础上，通过连接顺序匹配相邻的元素之后，会将后续同级的同类元素一同匹配。例如，在 HTML5 文档中有 <div><h1>…</h1><p>…</p><p>…</p></div>，可使用 h1~p{…} 匹配紧邻在 h1 元素后出现的与其同级的所有 p 元素。

小 贴 士

有一种特殊的组合选择器称为集体声明。集体声明是指同时定义多个选择器，各选择器之间用英文逗号隔开，如 div,h1,p{…}。将属性设置完全相同的 CSS3 样式通过集体声明归为一组，能够有效降低代码的冗余度。

3. 属性选择器

属性选择器根据标签的属性匹配元素，一般有以下 7 种类型。

（1）E[x]选择器。E[x]选择器是最基本的属性选择器，用于匹配所有拥有 x 属性的 E 元素，无论 x 属性值是什么。例如：

```
a[id]{background:white;color:cadetblue;}
```

上述代码匹配所有拥有 id 属性的 a 元素。

E[x]选择器不仅能够匹配单一属性，还可以同时匹配多个属性，如 E[x1][x2]。

（2）E[x="value"]选择器。E[x="value"]选择器用于匹配x属性值为"value"的E元素，它缩小了匹配范围，能够更加精确地匹配需要的元素。例如：

```
a[id="first"]{background:white;color:cadetblue;}
```

上述代码精确匹配id属性值为"first"的a元素。与E[x]选择器相同，E[x="value"]选择器也可以同时匹配多个属性，如E[x1="value1"][x2="value2"]。

（3）E[x~="value"]选择器。E[x~="value"]选择器用于匹配x属性值列表中包含了"value"的E元素，不需要与属性值列表完全匹配。如果"value"是一个列表，各列表项之间需要用空格隔开。例如：

```
a[title~="web"]{background:lightcyan;color:#2F4F4F;}
```

上述代码匹配所有title属性值列表中包含"web"的a元素。

（4）E[x^="value"]选择器。E[x^="value"]选择器用于匹配x属性值以"value"开头的E元素，例如：

```
a[title^=http]{background:#FFFFFF;color:#2F4F4F;}
```

上述代码匹配所有title属性值以"http"开头的a元素。

（5）E[x$="value"]选择器。E[x$="value"]选择器用于匹配x属性值以"value"结尾的E元素。

（6）E[x*="value"]选择器。E[x*="value"]选择器用于匹配x属性值中包含"value"的E元素，无论"value"在属性值的什么位置。例如：

```
a[title*="t"]{background:lightcyan;color:#2F4F4F;}
```

上述代码匹配所有title属性值中含有字符"t"的a元素。

小贴士

E[x*="value"]选择器与E[x~="value"]选择器不同，E[x~="value"]选择器匹配的值需要包含在值列表中并用空格隔开，而E[x*="value"]选择器没有这个限制，"value"出现在属性值的任意位置都能够匹配成功。

（7）E[x|="value"]选择器。E[x|="value"]选择器用于匹配x属性值为"value"或以"value"开头的E元素。例如：

```
a[lang|="zh"]{background:#FFFFFF;color:darkolivegreen;}
```

上述代码匹配lang属性值为"zh"或以"zh"开头的a元素。

4. 伪类选择器

伪类用于定义元素的特殊状态，伪类选择器用于匹配元素的某个状态。伪类选择器以英文冒号为前缀，跟随伪类或伪类对象，在冒号前可以使用其他选择器限制伪类应用的范围。

普通的伪类选择器可以分为静态伪类选择器和动态伪类选择器，除此之外还有结构、否定、状态等其他伪类选择器，下面详细介绍这些伪类选择器。

（1）静态伪类选择器。静态伪类选择器只用于设置超链接的样式，包括":link"和":visited"，它们分别表示超链接被访问前的状态与超链接被访问后的状态。

（2）动态伪类选择器。动态伪类选择器可用于设置任意元素的样式，如":hover"":active"和":focus"等，它们分别表示鼠标指针移动至元素上时、鼠标指针单击元素区域但不放开时与元素获得焦点时（如文本框中有指针闪烁）的状态。

（3）结构伪类选择器。结构伪类选择器可以根据文档的结构来匹配元素，主要包括以下几种。

① :first-child。匹配父元素的第一个子元素。

② :last-child。匹配父元素的最后一个子元素。

③ :nth-child(n)。匹配父元素的第n个子元素。

④ :empty。匹配没有子元素的元素。

⑤ :root。匹配根元素。

（4）否定伪类选择器。否定伪类选择器是":not()"，它能够过滤掉括号内匹配的元素。

（5）状态伪类选择器。CSS3中包含十几种状态伪类选择器，常用的有以下3种。

① :enabled。匹配指定范围内所有可用的元素。

② :disabled。匹配指定范围内所有不可用的元素。

③ :checked。匹配指定范围内所有已选择的元素。

小贴士

此处的元素是指与用户交互相关的元素，一般指表单对象，如文本框、复选框等。

三、CSS3的继承性与层叠性

CSS3具有两个特性，分别是继承性与层叠性。

1. 继承性

继承性是指后代元素会继承祖先元素的部分CSS3样式。后代元素能够继承的属性包括字号、文本颜色等，不能继承的属性包括边框、背景等。例如，设置body元素的字号为20像素后，除了单独设置过字号样式的元素外，网页中的其他元素都将继承该属性，即字号均同步被设置为20像素。

2．层叠性

层叠性是指可以对同一个元素应用多个样式。如果同一个元素拥有多个样式，那么这些样式会根据各自的权重来确定呈现的优先级，然后显示最终效果。

按照优先级由高到低的顺序排序，各种选择器的优先顺序如下。

（1）ID选择器。

（2）类、伪类与属性选择器。

（3）标签选择器。

（4）通配选择器。

除此之外，若某元素具有行内样式，则优先级最高（优先于ID选择器）；继承的样式优先级最低（低于通配选择器）。

四、CSS3的引入方式

HTML5与CSS3是两种作用不同的语言，要让它们互相协作，必须在HTML5文档中引入CSS3。常用的3种引入CSS3的方式为行内样式、内嵌样式与链接样式。

1．行内样式

行内样式也称内联样式，是指直接为HTML5标签设置style属性，具体语法格式如下。

```
<标签名 style="属性1:属性值1;属性2:属性值2;…">内容</标签名>
```

其中，style是标签的属性，它自身又包含多个样式属性。

需要注意的是，行内样式只对其所在的标签起作用。

2．内嵌样式

内嵌样式是指将CSS3样式直接写在HTML5文档的头部标签中。内嵌样式需要用<style>标签标记，具体语法格式如下。

```
<head>
    <style type="text/css">
        选择器{属性1:属性值1;属性2:属性值2;}
    </style>
</head>
```

其中，type="text/css"表示<style>标签标记的内容是CSS3样式。

在使用内嵌样式时，<style>标签一般位于<head>标签中的<title>标签之后。虽然<style>标签可以写在文档的任意位置，但由于浏览器会从上至下解析代码，因此建议将样式代码写在文档头部，便于浏览器最先识别并解析。

3. 链接样式

链接样式是指将所有样式放在一个或多个扩展名为 ".css" 的外部样式表文件中，然后在HTML5文档中使用<link />标签链接样式表文件，具体语法格式如下。

```
<link href="CSS3文档位置" type="text/css" rel="stylesheet"/>
```

其中，<link />标签需放在<head>标签中，href属性指定CSS3文档的位置，type与rel属性指明所链接的文件是CSS3样式表。

任务实施——美化第一个网页

本任务实施使用链接样式表的方式在任务二制作的网页中引入CSS3，美化网页内容，完成后的网页运行效果如图1-26所示。

美化第一个网页

图1-26　网页美化后的页面效果

步骤 1 在 "1-2.html" 文档所在的文件夹中新建一个文本文档，将其重命名为 "1-3.css"（若打开 "重命名" 对话框，则单击 "是" 按钮），如图1-27所示。

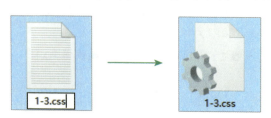

图1-27　新建文本文档并将其保存为样式表文件

步骤 2 使用记事本打开"1-3.css"文件，输入如下代码后保存文件，然后关闭记事本。

```
h1{font-size:50px;color:steelblue;}
p{font-size:25px;color:palevioletred;}
```

步骤 3 使用记事本打开"1-2.html"文件，在<head>标签中添加如下代码，链接外部样式表。

```
<link href="1-3.css" type="text/css" rel="stylesheet"/>
```

步骤 4 保存"1-2.html"文件后关闭记事本。

步骤 5 使用浏览器打开"1-2.html"文件，网页运行效果如图1-26所示。

项目实训——制作"古诗欣赏"网页

1. 实训目标

（1）熟悉HTML5的基本语法。

（2）熟悉CSS3的基本语法与引入方式。

2. 实训内容

使用记事本制作"古诗欣赏"网页，页面效果如图1-28所示。

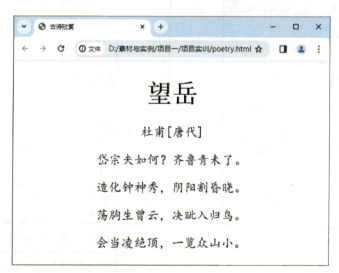

图1-28 "古诗欣赏"网页的页面效果

3. 实训提示

（1）使用<h1>标签标记古诗名，使用<p>标签分别标记作者与每行诗句。

（2）使用内嵌样式表的方式引入CSS3样式。

① 使用通配选择器设置所有元素的文本居中对齐（text-align: center）。

② 使用标签选择器设置h1元素的字体系列为宋体、字体大小为50像素（font-family:"宋体";font-size:50px）。

③ 使用标签选择器设置p元素的字体系列为楷体、字体大小为25像素（font-family:"楷体";font-size:25px）。

 项目总结

完成本项目的学习与实践后，请总结应掌握的重点内容，并将图1-29中的空白处填写完整。

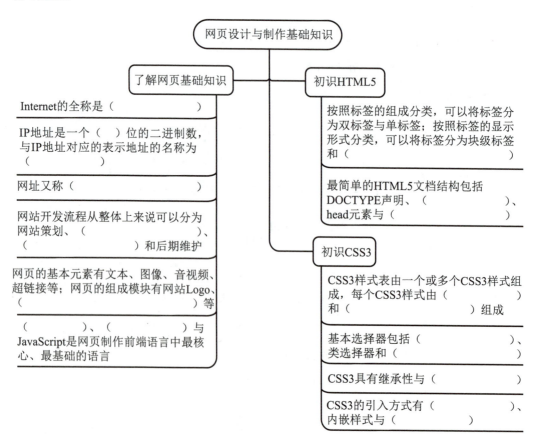

图1-29 项目总结

项目考核

1. 选择题

（1）IP地址由（　　）位二进制数组成。

    A．8   B．16

    C．18   D．32

（2）HTML5文档的扩展名为（　　）。

    A．.exe   B．.txt

    C．.html   D．.c

（3）下列关于DOCTYPE声明的说法中，错误的是（　　）。

    A．声明文档使用HTML5标准的代码为"<!DOCTYPE html>"

    B．该声明省略时浏览器可以正常显示页面

    C．该声明不区分大小写

    D．该声明包含结束标签

（4）<link />标签中表示链接地址的属性是（　　）。

    A．class   B．id

    C．href   D．rel

（5）下列关于CSS3的说法中，错误的是（　　）。

    A．CSS3样式由选择器和声明组成

    B．CSS3样式不能写在HTML5文档中

    C．行内样式只对其所在的标签起作用

    D．继承的样式优先级最低

（6）下列选择器中，优先级最高的是（　　）。

    A．id选择器   B．:empty选择器

    C．E[x]选择器   D．:disabled选择器

2. 判断题

（1）网页可分为静态网页与动态网页两种类型。   （　　）

（2）<html>、
与<!-- -->都属于标签。   （　　）

（3）一个CSS3样式对应一个声明。   （　　）

项目评价

　　请学生结合本项目的学习情况，对学习成果进行自评和互评（组内成员互相评分），请指导教师进行师评和总评，并将评价结果填入表1-1中。

表1-1　学习成果评价表

评价项目	评价内容	分值	评价得分		
			自评	互评	师评
知识 （45%）	网页基础知识	5分			
	HTML5基础知识	20分			
	CSS3基础知识	20分			
能力 （35%）	分析网站特点	5分			
	通过记事本使用HTML5制作网页	15分			
	通过记事本使用CSS3美化网页	15分			
素养 （20%）	具有自主学习意识，做好课前准备	5分			
	文明礼貌，遵守课堂纪律	5分			
	互帮互助，具有团队精神	5分			
	认真负责，按时完成学习、实践任务	5分			
合计		100分			
总评	综合分数：_____		指导教师签字：_____		
	综合等级：_____				

　　注：综合分数可按照"自评（25%）＋互评（25%）＋师评（50%）"进行计算；综合等级可以"优"（90分≤综合分数≤100分）、"良"（80分≤综合分数＜90分）、"中"（60分≤综合分数＜80分）、"差"（综合分数＜60分）为标准进行评价。

项目二

网站规划与站点创建

项目导读

在实际制作网页之前，有两项非常重要的准备工作——网站规划与创建站点。网站规划能够帮助开发人员快速明确网站的目标、功能、内容等，从而保证开发工作顺利进行。创建站点能够为开发人员提供一个集中保存网站各类文件和资源的物理位置，以便后续制作网页时组织和管理网站的文件和资源等。

本项目将介绍网站规划的基础知识、Dreamweaver 2021 的基本操作，以及制作网站规划书、使用Dreamweaver 2021创建并管理站点与文件的方法。

学习目标

知识目标

➤ 熟悉网站规划的主要任务。
➤ 熟悉 Dreamweaver 2021 的工作界面。
➤ 熟悉 Dreamweaver 2021 的首选项设置。

技能目标

➤ 能够根据网站的实际需求制作网站规划书。
➤ 能够使用 Dreamweaver 2021 创建并管理站点与文件。

素质目标

➤ 在生活与学习中认真努力，树立为社会发展添砖加瓦的远大志向。

任务一　网站规划

任务描述

　　网站规划是网页制作的必要准备工作之一，也是网站开发工作的第一步。本任务首先介绍网站规划的主要任务与网站规划书的内容，然后通过制作一份"科技学院"网站规划书来帮助学生深入理解相关知识在实际中的运用。

任务准备

　　全班学生以3～5人为一组，各组选出小组长，小组长组织组内成员扫码观看视频"常见的网站类型"，讨论并回答以下问题。

　　问题1：常见的网站类型有哪些？

　　问题2："科技学院"网站是哪种类型的网站？

常见的网站类型

一、网站规划的主要任务

　　网站规划是指在建立网站之前，对网站的目标、受众、内容、功能、设计、技术实现、推广等进行全面策划和安排的过程。这一过程旨在确保开发的网站能够满足客户的需求，实现网站的预期目标，并为网站的长期发展提供指导。网站规划的主要任务包括以下几个方面。

　　（1）确定网站的发展战略。网站的发展战略必须与客户公司的战略目标一致。因此，在网站规划时需要对客户公司进行调查分析，了解客户公司的主要业务及发展战略，并且评价现行网站的功能、环境和应用状况，最终将所有信息进行整合，确定一个合适的网站发展战略。

　　（2）设计与规划网站的内容。在规划网站时，必须对网站的内容进行全面的设计与规划，包括确定网站主题、搭建网站内容框架、确定网站栏目、确定栏目内容、确定网站结构布局、确定网站的页面设计等。

（3）确定网站开发的流程。在网站规划阶段，需要明确网站开发的整个流程和具体工作，并落实每项工作的具体内容、主要负责人和完成时间等，方便后续工作的开展。

（4）制订网站开发的资源分配计划。在网站规划阶段，需要对网站开发工作中所需的硬件、软件、技术人员、资金等资源进行汇总及整合，然后进行全面的可行性分析，将资源合理分配，确保后期工作能够顺利进行。

二、网站规划书

网站规划书是指根据网站规划过程中确定的内容制作的文档，用于指导网站的开发、实施和运营。网站规划书通常包括以下内容。

（1）市场分析。市场分析的内容主要包括网站的行业动向、竞争对手、目标市场和潜在用户需求等。

（2）网站的目的和功能。网站的目的和功能主要包括网站的目标、定位、受众和主要功能等内容。

（3）网站的内容。网站的内容是网站结构与资源的集合，主要包括网站的整体架构、页面布局与设计、网站的各个功能模块（如用户注册/登录、产品展示、购物车）等。

（4）技术解决方案。技术解决方案主要包括网站开发所使用的前后端语言、服务器、数据库管理软件等。

（5）网站的开发计划。网站的开发计划主要包括开发进度、人员分工、测试与上线计划等。

（6）网站的推广与维护更新。网站的推广与维护更新主要包括制订网站的推广营销计划、后期维护和升级计划，以及网站的数据保护计划等，确保网站的可持续发展。

（7）风险评估和应对策略。风险评估主要包括识别技术故障、市场变化、竞争压力等问题，进而评估这些问题带来的影响，以制订相应的策略来尽量规避风险。

（8）预算和资源分配。预算是指先确定项目的总体预算，生成成本明细表（包括人力资源、技术设备、软件工具、广告宣传等方面的费用），再根据项目的需要合理分配投入的资源，确保项目的花销在预算范围内。

（9）项目时间表。项目时间表主要是将整个项目划分为不同的阶段（如规划、设计、开发、测试、上线等），再预估每个阶段所需的时间，形成进度跟踪依据，确保各阶段任务按时完成。

（10）其他注意事项。法律合规性，包括当前行业的相关法律法规、保护用户隐私数据的安全策略等；版权政策，包括明确网站中内容的版权归属、强调禁止侵权及明确对侵权行为的处理方式等。

制作网站规划书时，要根据网站特点和实际需求确定规划书的具体内容。

任务实施——制作"科技学院"网站规划书

本任务实施从公益网站的角度制作"科技学院"网站的网站规划书。

步骤 1 确定网站的目的和功能。"科技学院"网站是面向全校师生及社会各界所有关心学院发展人员的公益性服务型网站，旨在帮助师生了解学院最新动态，为教育教学提供服务，实现学院优质资源的共享。

步骤 2 确定网站的内容。根据学院的实际情况，参考学院类网站的设计思想，将网站内容划分为学院风采、新闻动态、通知公告、招生就业、在线论坛、师资力量、人才引进等栏目，并确定该网站整体采用简单大气的设计风格与严谨、淡雅的配色方案。

步骤 3 确定技术解决方案。根据学院实际情况选择云服务器与内容管理系统，并使用MySQL数据库管理数据。前端语言使用HTML5、CSS3与JavaScript，后端语言使用Java。

步骤 4 确定网站开发计划。根据实际情况明确开发周期为3个月，开发过程中的工作包括设计页面、效果图切片、设置站点、制作结构层、制作样式层、制作行为层、测试上传网站等。

步骤 5 确定网站的推广与维护更新计划。推广任务主要包括利用社交媒体平台发布有价值的内容来吸引用户关注，利用搜索引擎广告提高网站的曝光率和点击率等。维护任务主要包括在服务器和其他计算机之间设置经公安部认证的防火墙，与专业网络安全公司合作，安装正版的防病毒软件，保存生产日志，定期进行防火、防潮、防磁和防鼠的检查等；更新任务主要包括定期对网站访问统计信息进行跟踪分析等，以保持合理的网站内容更新频率。

步骤 6 整理以上信息，并制作成"科技学院"网站规划书。

任务二　使用Dreamweaver 2021创建站点 ▼

任务描述

Dreamweaver 2021是应用广泛的网页开发工具之一，具有可视化编辑、代码提示等特点，非常适合初学者使用。本任务首先介绍Dreamweaver 2021的工作界面、首选项设置、站点与文件的创建与管理等，然后通过创建"科技学院"网站站点使学生练习Dreamweaver 2021的基础操作。

任务准备

　　全班学生以3～5人为一组，各组选出小组长，小组长组织组内成员扫码观看视频"Dreamweaver 2021 的特点"，讨论并回答以下问题。

　　问题1：Dreamweaver 2021 有哪些特点？

Dreamweaver 2021 的特点

　　问题2：与其他网页开发工具相比，Dreamweaver 2021 的优势有哪些？

一、Dreamweaver 2021 的工作界面

　　安装 Dreamweaver 2021 后将其启动，即可进入其工作界面，如图2-1所示。

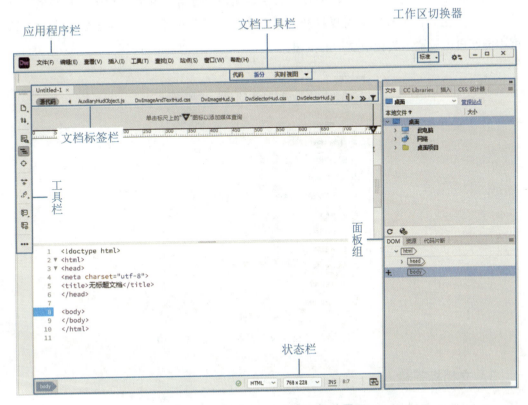

图2-1　Dreamweaver 2021 的工作界面

（1）首次启动Dreamweaver 2021时会显示一个快速入门菜单，帮助用户进行简单的个性化设置，如修改主题颜色等。

（2）在Dreamweaver 2021中，网页文件均以文档的形式呈现。为了便于讲解，此处在Dreamweaver 2021中创建了一个HTML5文档。创建HTML5文档的操作方法为，按"Ctrl+N"组合键，在打开的对话框中单击"创建"按钮。

通过图2-1可以看出，Dreamweaver 2021的工作界面比较简洁，主要由应用程序栏、工具栏、文档标签栏、文档工具栏和状态栏等组成。下面分别介绍它们。

1．应用程序栏

应用程序栏的左侧为常用功能的菜单选项，右侧为工作区切换器（可在其下拉列表中选择不同的工作区模式）和程序窗口控制按钮 ▬ ▫ ✕ （最小化、最大化及关闭）。

2．工具栏

工具栏包括一些常用按钮，如打开文档、文件管理等。此外，单击工具栏最下方的"自定义工具栏"按钮 ⋯ 可以打开"自定义工具栏"对话框（见图2-2），在该对话框中能够自由设置工具栏中显示的按钮。

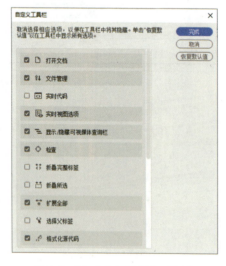

图2-2 "自定义工具栏"对话框

3．文档标签栏

文档标签栏中会显示当前打开的所有文档的标签和文档中链接的其他文档的标签，

如图2-3所示。其中，打开文档的标签中会显示文档名称和关闭按钮；链接文档的标签中只会显示文档名称。如果标签中的文档名称右侧显示"*"，表示该文档的内容有修改但未保存。选中不同的文档标签可查看不同文档的内容。

图2-3　文档标签栏

4. 文档工具栏

文档工具栏包括代码、拆分、实时视图等视图模式切换按钮，单击它们可切换至对应的视图模式。

（1）代码。单击"代码"按钮，文档窗口中会显示代码视图。代码视图是用于查看和编写HTML、CSS、JavaScript等代码的界面，如图2-4所示。

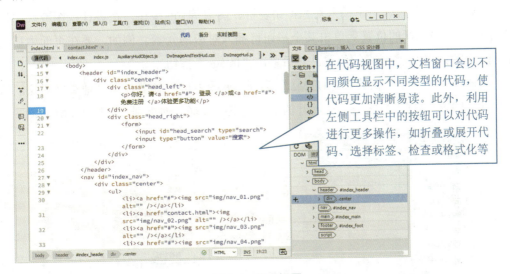

图2-4　代码视图

（2）设计。单击文档工具栏最右侧的下拉按钮 ，在展开的下拉列表中选择"设计"选项，文档窗口中会显示设计视图，其中显示的网页效果类似于在浏览器中看到的网页效果。用户可以在该视图中直接编辑网页中的各个对象，并且在对网页进行操作之后，文档中的相关代码会自动更新。

（3）实时视图。单击"实时视图"按钮，文档窗口中会显示实时视图。实时视图与设计视图类似，但该视图模式能更真实地显示网页在浏览器中的效果，还可以与网页进行交互。

（4）拆分。拆分视图有两种模式，分别为"代码+设计"与"代码+实时视图"，可以在"查看"菜单中切换这两种拆分视图。在这两种拆分视图中，文档窗口会被拆分为两个区域，同时显示代码视图与设计视图（或实时视图）。这样当用户在代码区域编辑源代码后，单击另一区域的任意位置，会立刻看到相应的网页效果。

5. 状态栏

状态栏主要显示当前文档的一些基本信息，如图2-5所示。

图2-5　状态栏

其中，标签选择器显示鼠标指针当前所在的位置或当前选定内容的标签层级关系，单击某个标签可以选中其内容，如单击<table>标签可选中文档中与之对应的表格。

6. "插入"面板

"插入"面板包含用于插入对象（如表格、图像等）的按钮，在设计视图或代码视图中确定添加元素的位置后单击某个按钮可插入对应的元素。例如，要在页面中插入图像，可先确定添加元素的位置，然后单击"Image"按钮。

"插入"面板中默认显示"HTML"类别（见图2-6），如要显示其他类别对象的按钮，可以单击类别下拉按钮，在展开的下拉列表中选择其他类别，如图2-7所示。

图2-6　"插入"面板的"HTML"类别

图2-7　"插入"面板的类别下拉列表

小贴士

默认情况下，"插入"面板与"文件"面板、"CSS设计器"面板位于同个面板组中，通过单击面板组上方的标签可以切换面板组中显示的面板。

7."文件"面板

"文件"面板会显示站点中的所有文件与文件夹,包括素材文件等,如图2-8所示。使用"文件"面板可以对站点的文件进行管理,包括创建、删除、重命名等。

8."CSS设计器"面板

"CSS设计器"面板主要用于创建CSS3样式(见图2-9),使用该面板设置属性可以自动生成CSS3样式的代码。

图2-8 "文件"面板

图2-9 "CSS设计器"面板

"CSS设计器"面板由以下窗格组成。

(1)源。其中显示所有相关的CSS3文件。单击窗格左上方的 + 按钮,可以创建新的CSS3文件,也可以附加现有的CSS3文件,还可以直接在页面中定义样式。

(2)@媒体:。其中显示在"源"窗格中所选文件的全部媒体查询。媒体查询能够检测设备的屏幕宽度、高度等,在此基础上设置样式可以使同一个网页在不同设备上呈现出不同的效果,常用于构建响应式布局。

(3)选择器。其中显示在"源"窗格中所选文件中的全部选择器。如果同时还选择了某个媒体查询,那么此窗格中将只显示该媒体查询下的选择器。

(4)属性。其中显示能够设置的属性列表。

二、Dreamweaver 2021的首选项设置

Dreamweaver 2021中的一些首选项设置可以根据个人的喜好及习惯进行调整,具体操作方法是,选择"编辑"/"首选项"选项,打开"首选项"对话框,然后在其中进行相关设置,如图2-10所示。

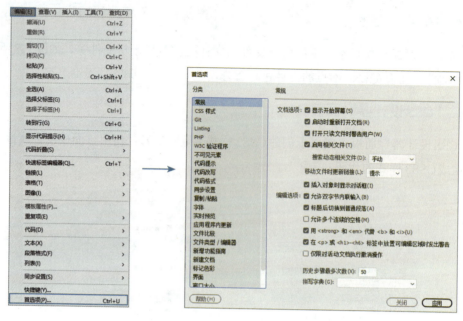

图2-10 打开"首选项"对话框

下面介绍几个常用的首选项设置。

（1）字体。在"分类"列表框中选择"字体"选项，右侧会显示字体设置区，在其中可以设置代码视图中代码的字体样式及字号等。

（2）实时预览。在"分类"列表框中选择"实时预览"选项，右侧会显示实时预览设置区，在其中可以修改用于查看运行效果的主浏览器。例如，在实时预览设置区的列表框中选择"Google Chrome"选项，然后勾选"主浏览器"复选框，即可将主浏览器修改为谷歌浏览器，如图2-11所示。

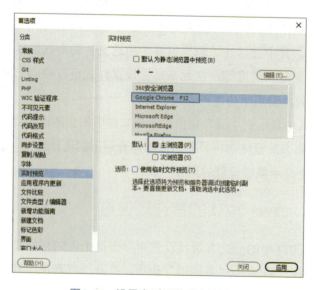

图2-11 设置实时预览的主浏览器

（3）界面。在"分类"列表框中选择"界面"选项，右侧会显示界面设置区，单击设置区上方的颜色按钮即可切换Dreamweaver 2021的主题颜色。

小 贴 士

部分设置更改后需要重启Dreamweaver 2021才会生效。

三、创建并管理站点

站点是指用于存储、管理、部署和运行网站的一个独立、可访问的地址或位置。网站的站点一般包括本地站点和远程站点。

（1）本地站点是指本地计算机上用于存储和管理网站文件的文件夹。本地站点常用于开发、测试和演示网站效果。

（2）远程站点是指网络服务器上用于部署和运行网站文件的文件夹。远程站点常用于发布网站，用户在浏览器中输入正确的网址即可访问对应的站点。

素养之窗

通过网络，人们能够访问各式各样的网站并获取自己想要的信息。这样便捷的信息获取方式在早年间只是想象，万维网的创始人（被称为"互联网之父"）为人类开辟出了网络共享的道路，将这种想象变成了现实。在发明万维网后，他本可以申请专利，收取高昂的专利费用，但他却放弃了这一机会，而是让所有人都能够免费使用网络进行学习，这使得网络科技飞速发展，并极大地改变了人们获取信息的方式。

我们应该感谢和学习他的无私精神，同时也应该更加认真、努力地学习专业知识，为社会的发展添砖加瓦。

使用Dreamweaver 2021创建站点能够使本地文件与Dreamweaver 2021建立联系，方便开发人员通过Dreamweaver 2021来管理站点文件。下面介绍创建和管理站点的具体操作。

1. 创建站点

下面以创建站点"test"为例，介绍使用Dreamweaver 2021创建站点的具体操作。

（1）创建站点文件夹。在本地磁盘中创建"test"文件夹，并在其中创建一个"img"子文件夹，如图2-12所示。

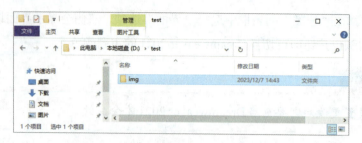

图2-12 "test"文件夹与"img"子文件夹

（2）创建站点。首先启动Dreamweaver 2021，选择"站点"/"新建站点"选项，打开"站点设置对象"对话框；然后在"站点名称"编辑框中输入"test"，单击"浏览文件夹"按钮 ，打开"选择根文件夹"对话框，找到"test"文件夹，单击"选择文件夹"按钮，返回"站点设置对象"对话框；最后单击"保存"按钮，如图2-13所示。

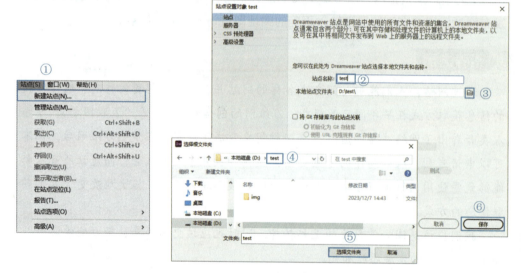

图2-13 创建站点

（3）查看站点。在"文件"面板中查看创建好的站点，如图2-14所示。

图2-14 在"文件"面板中查看站点

2. 管理站点

管理站点的操作主要包括编辑站点、复制站点、删除站点、导出和导入站点等。

（1）编辑站点。选择"站点"/"管理站点"选项，打开"管理站点"对话框（见图2-15），在"您的站点"列表框中双击站点对象，打开对应站点的"站点设置对象"对话框，在其中可对站点的信息进行编辑。

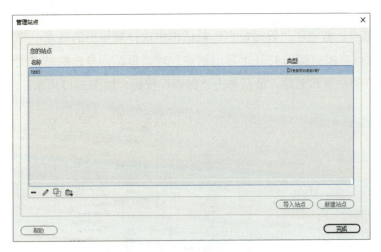

图2-15 "管理站点"对话框

（2）复制站点。打开"管理站点"对话框，选择要复制的站点（此处选择"test"），单击"复制当前选定的站点"按钮，列表中新增"test 复制"站点，如图2-16所示。

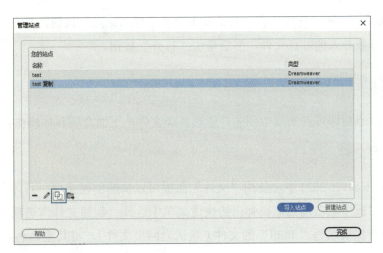

图2-16 复制站点

（3）删除站点。打开"管理站点"对话框，选择要删除的站点，单击"删除当前选定的站点"按钮，在打开的对话框中单击"是"按钮删除站点，单击"否"按钮取消删除。

删除站点操作仅将站点信息从Dreamweaver 2021中删除，站点文件还保留在本地磁盘中。

（4）导出和导入站点。导出、导入站点的作用在于保存与恢复站点和本地文件的联系。

① 导出站点。首先在"管理站点"对话框中选择要导出的站点；然后单击"导出当前选定的站点"按钮 📇，打开"导出站点"对话框，为导出的站点文件（扩展名为".ste"）设置存储位置和名称；最后单击"保存"按钮，如图2-17所示。

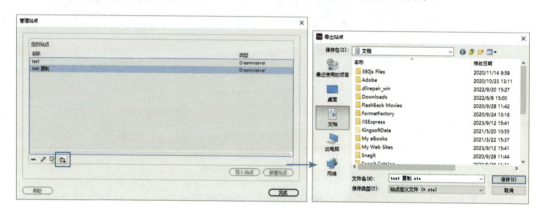

图2-17　导出站点

② 导入站点。在"管理站点"对话框中单击"导入站点"按钮，打开"导入站点"对话框，选择要导入的站点文件，然后单击"打开"按钮。

四、在站点中创建并管理文件

创建好站点后即可在站点中创建并管理各类文件，下面介绍具体操作。

1. 创建文件

在Dreamweaver 2021中，使用"文件"面板可以快速创建文件。具体操作方法是，在"文件"面板中右击站点，在弹出的快捷菜单中选择"新建文件"选项，"文件"面板中新增一个扩展名为".html"的文件（默认为网页文件），将其重命名后按"Enter"键，如图2-18所示。

若想创建样式文件或行为文件，在重命名文件时将扩展名一同修改即可。例如，将文件名修改为"index.css"，表示创建一个样式文件；将文件名修改为"index.js"，表示创建一个行为文件。

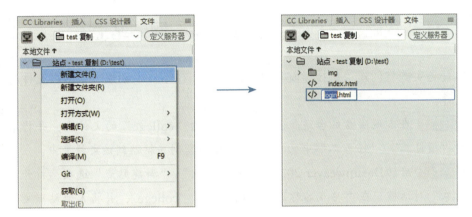

图 2-18　使用"文件"面板创建文件

👤 小 贴 士

　　通过Dreamweaver 2021的菜单创建文件的具体操作方法是,首先选择"文件"/"新建"选项,打开"新建文档"对话框,在对话框左侧选择要创建的文件类型;然后单击"创建"按钮,该文件自动显示在文档窗口中;最后选择"文件"/"保存"选项,打开"另存为"对话框,找到站点文件夹,在"文件名"编辑框中输入文件名,单击"保存"按钮。

2. 管理文件

　　在Dreamweaver 2021中,使用"文件"面板可以对文件进行管理,包括复制、删除及重命名等。具体操作方法是,在"文件"面板中右击站点中的文件,在弹出的快捷菜单中选择"编辑"选项,然后在展开的二级菜单中选择对应的操作,如图2-19所示。

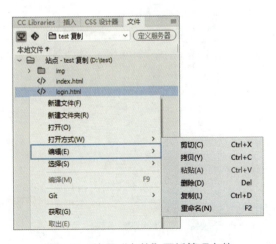

图 2-19　使用"文件"面板管理文件

任务实施——创建"科技学院"网站站点

本任务实施将创建"科技学院"网站站点，并在站点中创建一个网页文件与一个样式文件。

步骤 1 在本地磁盘的合适位置创建一个名为"college"的文件夹，并将本书配套素材"项目二"/"任务二"中的"img"文件夹复制并粘贴到该文件夹中。

步骤 2 启动 Dreamweaver 2021，选择"站点"/"新建站点"选项；打开"站点设置对象"对话框，在"站点名称"编辑框中输入"college"，并将本地站点文件夹设置为创建好的"college"文件夹，单击"保存"按钮，如图2-20所示。

创建"科技学院"
网站站点

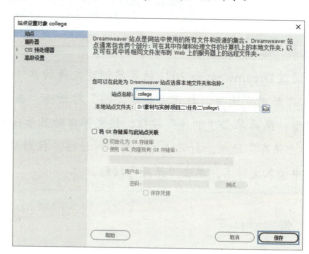

图2-20　创建"college"站点

步骤 3 在"文件"面板中利用快捷菜单创建两个文件，并分别命名为"index.css"与"index.html"，如图2-21所示。

图2-21　"college"站点中的文件

项目实训——创建"童趣服装店"网站站点

1. 实训目标

（1）熟悉Dreamweaver 2021的工作界面。

（2）练习使用Dreamweaver 2021创建并管理网站站点与文件的操作。

2. 实训内容

创建"童趣服装店"网站站点（站点名为"TQshop"），并在站点中创建两个网页文件与两个样式文件，具体文件名如图2-22所示。

图2-22 "TQshop"站点中的文件

3. 实训提示

"TQshop"站点的素材文件为本书配套素材"项目二"/"项目实训"/"img"文件夹。

 # 项目总结

完成本项目的学习与实践后，请总结应掌握的重点内容，并将图2-23中的空白处填写完整。

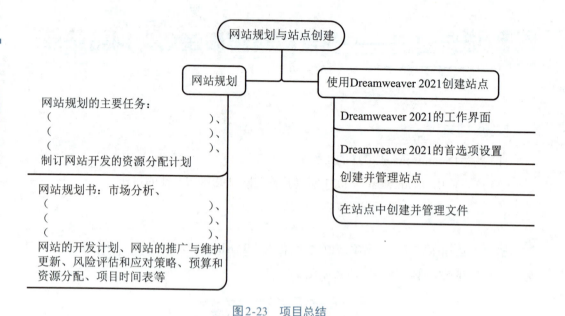

图2-23 项目总结

项目考核

1. 选择题

（1）下列关于Dreamweaver 2021的叙述中，不正确的是（　　）。

　　A．使用它能够实现可视化操作

　　B．它共有两种视图

　　C．如果工作区的文档标签中显示"*"，表示其内容有修改但未保存

　　D．使用"CSS设计器"面板可以创建CSS3样式

（2）通过Dreamweaver 2021的"首选项"对话框不能设置（　　）。

　　A．字体　　　　　　　　　　　　B．实时预览

　　C．界面　　　　　　　　　　　　D．站点

（3）"CSS设计器"面板不包括（　　）窗格。

　　A．源　　　　　　　　　　　　　B．视口

　　C．选择器　　　　　　　　　　　D．媒体查询

（4）下列关于"文件"面板的叙述中，不正确的是（　　）。

　　A．使用它能够管理站点文件　　　B．使用它能够创建网页文件

　　C．使用它能够查看站点文件　　　D．使用它无法创建行为文件

2．判断题

（1）网站规划与网站制作同步进行。 （　　）

（2）Dreamweaver 2021的工作界面比较简洁，主要由应用程序栏、工具栏和文档标签栏、文档工具栏和状态栏等组成。 （　　）

（3）使用Dreamweaver 2021创建站点能够使本地文件与Dreamweaver 2021建立联系。 （　　）

项目评价

请学生结合本项目的学习情况，对学习成果进行自评和互评（组内成员互相评分），请指导教师进行师评和总评，并将评价结果填入表2-1中。

表2-1　学习成果评价表

评价项目	评价内容	分值	评价得分		
			自评	互评	师评
知识（30%）	网站规划的主要任务	10分			
	Dreamweaver 2021的工作界面	10分			
	Dreamweaver 2021的首选项设置	10分			
能力（50%）	制作网站规划书	20分			
	使用Dreamweaver 2021创建并管理站点与文件	30分			
素养（20%）	具有自主学习意识，做好课前准备	5分			
	文明礼貌，遵守课堂纪律	5分			
	互帮互助，具有团队精神	5分			
	认真负责，按时完成学习、实践任务	5分			
合计		100分			
总评	综合分数：＿＿＿＿＿＿ 综合等级：＿＿＿＿＿＿		指导教师签字：＿＿＿＿＿＿		

注：综合分数可按照"自评（25%）+互评（25%）+师评（50%）"进行计算；综合等级可以"优"（90分≤综合分数≤100分）、"良"（80分≤综合分数＜90分）、"中"（60分≤综合分数＜80分）、"差"（综合分数＜60分）为标准进行评价。

项目三

网页中的文本、图像与音视频

项目导读

文本、图像与音视频是网页中常见的元素。其中，文本用于传递网页中的信息；图像与音视频用于丰富网页内容，美化网页的显示效果，增强网页的可读性，提升用户的体验感。本项目将介绍网页中文本、图像与音视频的相关知识，以及使用Dreamweaver 2021在网页中添加这些元素并设置样式的方法。

学习目标

知识目标

➟ 掌握在网页中添加文本、图像与音视频的方法。
➟ 掌握用于标记文本、图像与音视频的标签。
➟ 掌握文本样式与图像样式的设置方法。

技能目标

➟ 能够使用Dreamweaver 2021在网页中添加文本与特殊字符，并设置文本样式。
➟ 能够使用Dreamweaver 2021在网页中添加图像，并设置图像样式。
➟ 能够使用Dreamweaver 2021在网页中添加音视频文件。

素质目标

➟ 通过在网页中添加文本、图像及音视频，明白各种事物都有其独特的作用。
➟ 通过制作丰富的案例，提升实操能力。

任务一　在网页中添加文本

任务描述

文本是网页中最常见的元素，优秀的网页文本设计不仅可以传递信息，还具有良好的视觉效果。本任务首先介绍在网页中添加文本与特殊字符的方法，然后介绍文本样式的设置方法，最后通过制作"科技学院"主页的"通知公告"模块，使学生练习使用Dreamweaver 2021在网页中添加文本并设置文本样式的操作。

任务准备

全班学生以3～5人为一组，各组选出小组长，小组长组织组内成员扫码观看视频"网页文本的设计要点"，讨论并回答以下问题。

问题1：网页文本的设计要点有哪些？

问题2：任选一种类型的网站，简述如何设计网页中的文本。

网页文本的设计要点

一、添加文本

在网页中，文本主要包括标题、段落和一些具有特殊格式的文本。使用Dreamweaver 2021可以在网页中添加不同的文本。

1．添加标题

使用Dreamweaver 2021的"插入"面板可以在网页中添加标题，具体操作方法是，首先确定添加标题的位置；然后在"插入"面板中单击"标题"下拉按钮，在展开的下拉列表中选择具体的标题标签（如"H6"）；最后输入标题内容，如图3-1所示。此时，"标题"按钮自动变为对应的标题标签按钮（如"标题：H6"），单击该按钮会插入对应的标题标签（如<h6>）。

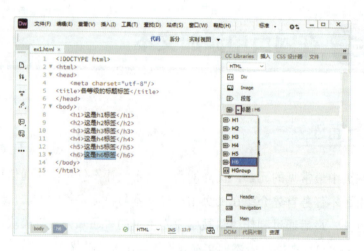

图3-1　添加标题

HTML5提供了6个标题标签<h1>～<h6>，分别用于标记不同级别的标题。其中，<h1>标签标记的标题级别最高，<h6>标签标记的标题级别最低。默认情况下，这些标签标记的标题都具有字体加粗效果，并随着标题级别的降低，字体大小依次减小，如图3-2所示。

图3-2　各级标题的效果

 小 贴 士

在一些网页中，标题就相当于网页内容的大纲，根据网页内容合理安排标题可以更清晰地表达出网页的整体内容。

2. 添加段落

使用Dreamweaver 2021的"插入"面板可以在网页中添加段落，具体操作方法是，首先确定添加段落的位置；然后在"插入"面板中单击"段落"按钮；最后输入段落内容，如图3-3所示。

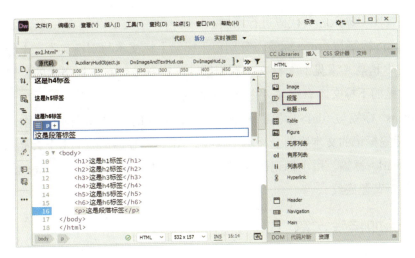

图3-3　添加段落

在HTML5中，使用<p>标签标记段落。段落通常是指正文形式的文本，其内容较多时会在网页中以多行显示。

3．添加具有特殊格式的文本

在网页中，具有特殊格式的文本是指以粗体、斜体或下画线等效果显示的文本。

使用Dreamweaver 2021的"属性"面板可以在网页中添加具有特殊格式的文本，具体操作方法是，首先确定添加文本的位置；然后选择"窗口"/"属性"选项，打开"属性"面板；接着单击"粗体"按钮B，添加以粗体显示的文本，按"F5"键后单击"斜体"按钮I，添加以斜体显示的文本，如图3-4所示。

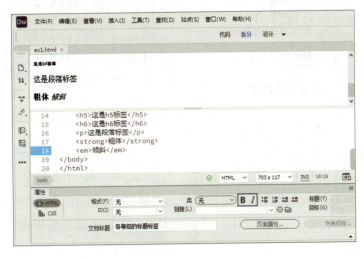

图3-4　添加粗体文本与斜体文本

在HTML5中，使用<strong>标签标记的文本以粗体显示，使用<em>标签标记的文本以斜体显示。此外，HTML5还提供了许多文本格式化标签来标记不同的文本，可直接在代码视图中输入相关代码进行添加。

（1）<sup>标签与<sub>标签，分别用于标记上标文本与下标文本。上标文本的位置比主体文本稍高，常见的上标文本有指数、商标符号等；下标文本的位置比主体文本稍低，常见的下标文本有脚注、化学符号脚标等。

（2）<ins>标签与<del>标签，分别用于标记插入的文本与删除的文本。默认情况下，<ins>标签标记的文本底部会显示下画线；<del>标签标记的文本上会显示删除线。

（3）<mark>标签，用于标记需要突出显示的文本。默认情况下，<mark>标签标记的文本会显示黄色底纹。

二、添加特殊字符

在网页中添加文本时，可能会遇到一些无法直接输入的特殊字符，如版权符号"©"、注册商标符号"®"等。这时可以使用Dreamweaver 2021的"插入"面板添加特殊字符，具体操作方法是，首先确定添加特殊字符的位置；然后在"插入"面板中单击"字符"下拉按钮▼，在展开的下拉列表中选择"其他字符"选项，打开"插入其他字符"对话框，选择需要的字符并单击"确定"按钮，如图3-5所示。

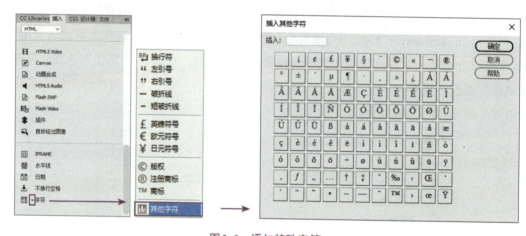

图3-5　添加特殊字符

三、设置文本样式

在网页中添加文本后通常还需要设置文本的样式，如颜色、字体系列等，使页面更加美观。在Dreamweaver 2021中，通常使用"CSS设计器"面板设置文本的样式，具体操作方法如下。

（1）设置CSS源。打开"CSS设计器"面板，然后在"源"窗格中单击"添加CSS源"按钮➕，在展开的下拉列表中选择引入CSS3样式的方式（如选择"在页面中定义"选项），如图3-6所示。

（2）设置媒体查询。在"@媒体："窗格中选择"全局"选项（当前样式会应用于所有场景），如图3-7所示。

图3-6　选择引入CSS3样式的方式

图3-7　设置媒体查询

（3）设置选择器。将鼠标指针置于目标元素中，然后在"选择器"窗格中单击"添加选择器"按钮 ，添加匹配到目标元素的选择器（如"body h1"），如图3-8所示。在"选择器"窗格中双击已有的选择器，选择器会变为可编辑状态，此时可以对其进行修改。

（4）设置样式属性。在"属性"窗格中单击"文本"按钮 跳转到文本设置区（见图3-9），设置属性的值。

图3-8　添加匹配到目标元素的选择器　　图3-9　"属性"窗格的文本设置区

下面介绍"属性"窗格文本设置区中常用的文本样式属性。

① color属性用于设置颜色。属性值为颜色。设置该属性值时，单击"设置颜色"按钮 ，可以打开选色板，手动选择颜色后会自动生成十六进制数值或颜色函数，如图3-10所示。此外，单击选色板中的 按钮，可以选取Dreamweaver 2021内部的颜色，按住并拖动 按钮可选取Dreamweaver 2021外部的颜色。

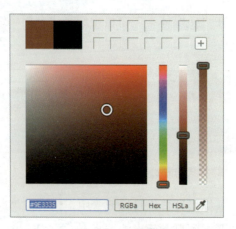

图 3-10　选色板

小贴士

　　在 CSS3 中，颜色的表示方法有 3 种。第 1 种是颜色名称关键字表示法，如 red、blue 等；第 2 种是十六进制数值表示法，如 #FF0000、#0000FF 等；第 3 种是颜色函数表示法，如 rgba(255,0,0,1.00)、hsla(240,100%,50%,1.00) 等。

　　② font-family 属性用于设置字体系列。属性值为字体名称，当字体名称为中文或带有特殊字符（如空格）时需用英文双引号引起来。

　　③ font-style 属性用于设置字体样式。属性值有 3 个，normal（默认值）表示正常的字体样式；italic 表示斜体字；oblique 表示倾斜字体，用于将没有斜体属性的字体强制倾斜。

　　④ font-weight 属性用于设置字体粗细。默认的属性值 normal 表示正常粗细；常用的属性值 bold 表示字体加粗。

　　⑤ font-size 属性用于设置字体大小。属性值通常使用带有单位的数值表示，如"20 px"（表示 20 像素）。

　　⑥ line-height 属性用于设置行高。属性值通常使用带有单位的数值表示。

　　⑦ text-align 属性用于设置文本水平对齐方式。属性值有 4 个，默认值 left（≡）表示左对齐；center（≡）表示居中对齐；right（≡）表示右对齐；justify（≡）表示两端对齐。

　　⑧ text-decoration 属性用于设置文本修饰。属性值有 4 个，默认值 none（⊠）表示不添加画线；underline（T）表示添加下画线；overline（T）表示添加上画线；line-through（T）表示添加贯穿线。

　　⑨ text-indent 属性用于设置文本首行缩进。属性值通常使用带有单位的数值（如"2em"，表示两个字符）或百分比（如"50%"）表示。

　　⑩ text-shadow 属性用于设置文本阴影。该属性有 4 个参数，h-shadow 表示水平阴

影，v-shadow表示垂直阴影，这两个参数都可以为负值；blur表示文本阴影的模糊半径，不可以为负值；color表示文本阴影的颜色。

任务实施——制作"科技学院"主页的"通知公告"模块

本任务实施将制作"科技学院"主页的"通知公告"模块，页面效果如图3-11所示。

制作"科技学院"主页的
"通知公告"模块

图3-11　"科技学院"主页"通知公告"模块的页面效果

步骤1 以本书配套素材"项目三"/"任务一"/"college"文件夹为基础创建同名站点。如已创建站点，可使用"college"文件夹中的文件替换站点文件夹中的文件。

步骤2 在"文件"面板中双击打开"index.html"文件，按"F12"键查看页面效果，如图3-12所示。

图3-12　"科技学院"主页"通知公告"模块的初始页面效果

步骤 3 在代码视图中找到 <main> → <section class="sheet_1"> → <div class="tzgg fl_r"> → <div class="box_p1"> 标签，该标签中包含 3 个 <div class="p1"> 标签，将鼠标指针置于第 1 个 <div class="p1"> 标签中。

步骤 4 添加标题。打开"插入"面板，单击"标题"下拉按钮▼，在展开的下拉列表中选择"H1"选项，添加 <h1> 标签，然后在该标签中输入"年度'优秀教师'评选结果公示"，如图 3-13 所示。

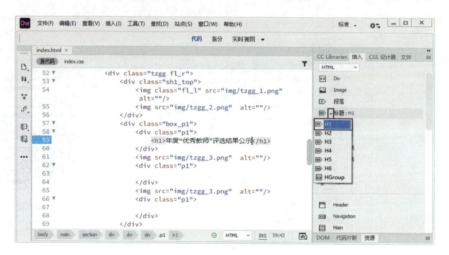

图 3-13　添加标题

步骤 5 在 <h1> 标签后换行，将鼠标指针置于 <h1> 标签下方。

步骤 6 添加段落。在"插入"面板中单击"段落"按钮，添加 <p> 标签，然后为 <p> 标签添加 class 属性，值为"p1_1"，最后在 <p> 标签中输入"通过对参评人员的申请材料进行审查、打分、评定，现对本学年度'优秀教师'评选结果进行公示。"，如图 3-14 所示。

图 3-14　添加段落

步骤 7 参照步骤6，在<p class="p1_1">标签下方添加<p class="p1_2">标签，标签内容为"12月22日"。

步骤 8 参照步骤4～6与图3-11，在其余两个<div class="p1">标签中添加标题与段落，此时的页面效果如图3-15所示。

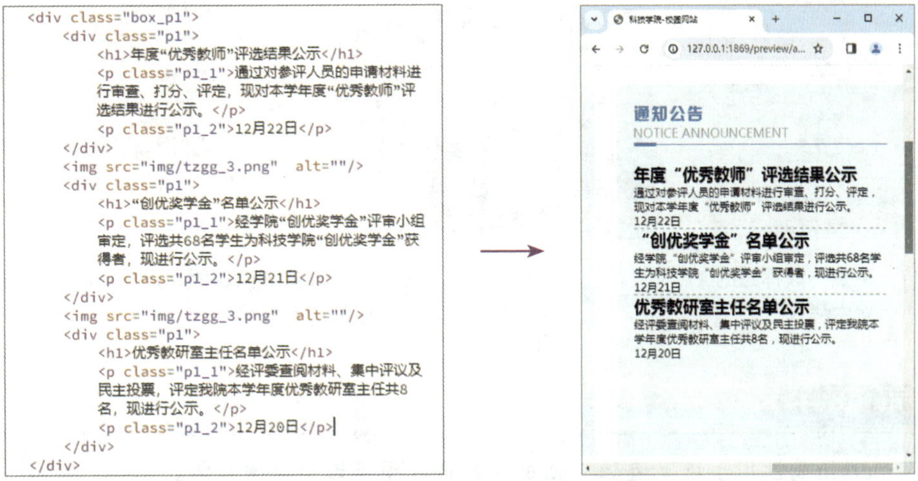

```
<div class="box_p1">
    <div class="p1">
        <h1>年度"优秀教师"评选结果公示</h1>
        <p class="p1_1">通过对参评人员的申请材料进
        行审查、打分、评定，现对本学年度"优秀教师"评
        选结果进行公示。</p>
        <p class="p1_2">12月22日</p>
    </div>
    <img src="img/tzgg_3.png"  alt=""/>
    <div class="p1">
        <h1>"创优奖学金"名单公示</h1>
        <p class="p1_1">经学院"创优奖学金"评审小组
        审定，评选共68名学生为科技学院"创优奖学金"获
        得者，现进行公示。</p>
        <p class="p1_2">12月21日</p>
    </div>
    <img src="img/tzgg_3.png"  alt=""/>
    <div class="p1">
        <h1>优秀教研室主任名单公示</h1>
        <p class="p1_1">经评委查阅材料、集中评议及
        民主投票，评定我院本学年度优秀教研室主任共8
        名，现进行公示。</p>
        <p class="p1_2">12月20日</p>
    </div>
</div>
```

图3-15　添加文本后的页面效果

步骤 9 打开"CSS设计器"面板，在"源"窗格中选择"index.css"选项，在"@媒体："窗格中选择"全局"选项，如图3-16所示。

步骤 10 将鼠标指针置于<h1>标签中，然后在"选择器"窗格中选择".box_p1"选项并单击"添加选择器"按钮 ➕，自动添加选择器".box_p1 .p1 h1"。

图3-16　设置CSS源与媒体查询

小贴士

　　先选择某个选择器选项再单击"添加选择器"按钮 ➕，就能够将新的选择器添加到该选择器下方，从而使样式文件的结构更清晰。

步骤 11 设置一级标题的文本样式。在"属性"窗格中单击"文本"按钮 🆃，在color属性右侧单击并输入"#0071B6"，在font-size属性右侧双击并输入"18px"，如图3-17所示。

步骤 12 设置一级标题的顶部边距、底部边距、左边距。在"属性"窗格中单击"布局"按钮，然后在margin属性的矩形设置区中单击顶部边距并输入"20px"，单击底部边距并输入"15px"，单击左边距并输入"10px"，此时页面效果如图3-18所示。

图3-17 设置一级标题的文本样式

图3-18 设置一级标题的顶部边距、底部边距、左边距后的页面效果

小 贴 士

margin属性用于设置边距，相关内容将在项目六中详细介绍。

步骤13 参照步骤10～12设置第1个段落的样式。添加".box_p1 .p1 .p1_1"选择器，设置color属性值为"#686868"，font-size属性值为"14px"，margin属性值为"15px 10px"（在margin属性右侧单击并输入"15px 10px"），如图3-19所示。

步骤14 参照步骤10～12设置第2个段落的样式。添加".box_p1 .p1 .p1_2"选择器，设置color属性值为"#9FA0A0"，font-size属性值为"12px"，margin属性中左边距为"10px"、底部边距为"20px"，如图3-20所示。

图3-19 设置第1个段落的样式

图3-20 设置第2个段落的样式

步骤15 在文档标签栏中选中"index.css"标签打开CSS文件，按"Ctrl+S"组合键保存文件，页面效果如图3-11所示。

任务二 在网页中添加图像

任务描述

　　图像是网页中常用的元素，在网页中添加图像可以使网页效果更加丰富。本任务首先介绍在网页中添加图像的方法，然后介绍图像样式、元素背景、变形与过渡的设置方法，最后通过制作"科技学院"主页的"新闻动态"模块，使学生练习使用Dreamweaver 2021在网页中添加图像并设置图像样式的操作。

任务准备

　　全班学生以3～5人为一组，各组选出小组长，小组长组织组内成员扫码观看视频"网页图像的设计要点"，讨论并回答以下问题。

　　问题1：网页图像的设计要点有哪些？

　　问题2：任选一种类型的网站，简述如何设计网页中的图像。

网页图像的
设计要点

一、添加图像

　　使用Dreamweaver 2021能够可视化地添加图像，具体操作方法是，首先确定添加图像的位置；然后打开"插入"面板，单击"Image"按钮，打开"选择图像源文件"对话框；最后在其中选择图像文件，并单击"确定"按钮，如图3-21所示。

 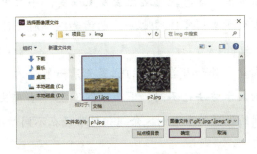

图3-21　添加图像

添加图像后，自动生成的代码如图3-22所示。

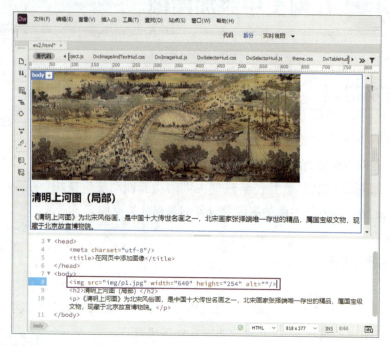

图3-22　图像的代码

在HTML5中，使用<img />标签标记图像。该标签的属性有src、alt、width、height等。其中，src属性用于设置图像的引用地址，属性值一般为相对路径；alt属性用于设置图像的代替文本，当图像因文件缺失、路径错误等问题无法显示时，浏览器将在该标签所在的位置显示代替文本，该属性的值可以为空；width属性与height属性分别用于设置图像的宽度和高度，单位默认为像素。使用<img />标签时，通常需要声明src属性与alt属性，其他属性根据需要声明即可。

小贴士

在网页中使用图像、音频、视频等素材文件时，都需要引用素材文件的地址，引用地址有绝对路径与相对路径两种表示方式。绝对路径是指素材文件的真实地址（磁盘地址或完整网址），一般不推荐使用。因为网页制作完成后通常还需要上传至服务器，这时绝对路径会发生改变，导致文件引用失败。相对路径是指素材文件相对于当前文件的地址，也就是以当前文件为起点，通过层级关系描述素材文件的位置。

素材文件和当前文件的位置关系一般分为3种，针对不同的位置关系，相对路径的表示方法也不同。下面以图3-23中当前文件"page1.html"与不同素材文件之间的位置关系为例，介绍相对路径在不同情况下的表示方法。

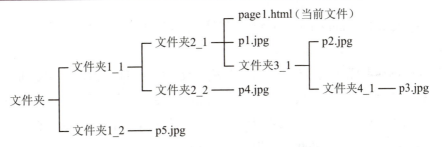

```
                                              page1.html（当前文件）
                             文件夹2_1 ── p1.jpg            p2.jpg
              文件夹1_1 ┤                    文件夹3_1 ┤
                             文件夹2_2 ── p4.jpg            文件夹4_1 ── p3.jpg
文件夹 ┤
              文件夹1_2 ── p5.jpg
```

图3-23　当前文件与不同素材文件的位置关系

（1）素材文件与当前文件位于同一文件夹中，相对路径直接使用素材文件名表示。例如，在"page1.html"文件中引用"p1.jpg"文件，src属性值为"p1.jpg"。

（2）素材文件位于当前文件所在文件夹的下级文件夹中，相对路径使用文件夹名、"/"符号和素材文件名表示。例如，在"page1.html"文件中引用"p2.jpg"和"p3.jpg"文件，src属性值分别为"文件夹3_1/p2.jpg"与"文件夹3_1/文件夹4_1/p3.jpg"。

（3）素材文件位于当前文件所在文件夹的上级文件夹中，相对路径使用"../"、文件夹名、"/"符号和素材文件名表示。例如，在"page1.html"文件中引用"p4.jpg"和"p5.jpg"文件，src属性值分别为"../文件夹2_2/p4.jpg"与"../../文件夹1_2/p5.jpg"。

二、设置图像样式

在Dreamweaver 2021中，可以使用"CSS设计器"面板中的"属性"窗格设置图像样式，如图3-24所示。

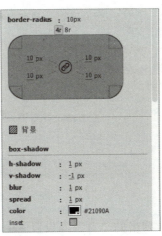

图3-24　设置图像样式

下面介绍常用的图像样式属性。

（1）width属性与height属性分别用于设置宽度与高度，属性值通常用带有单位的数值表示。

（2）border属性用于设置边框。在"边框"设置区中可以选择不同的边框，如"所有边"（▣）、"顶部"（▢）、"右侧"（▣）、"底部"（▢）、"左侧"（▣），并设置边框的不同子属性。子属性width用于设置边框宽度；子属性style用于设置边框样式，常用的属性值有solid（单实线）、dotted（点线）、dashed（虚线）等；子属性color用于设置边框颜色。

（3）border-radius属性用于设置边框半径。属性值通常使用带有单位的数值表示。在属性右侧直接输入属性值可以同时设置所有边框半径，在下方矩形区域的相应位置输入属性值可以设置指定的边框半径。

（4）box-shadow属性用于设置框阴影。该属性有6个参数，h-shadow表示水平阴影；v-shadow表示垂直阴影；blur表示框阴影的模糊半径；spread表示框阴影的扩散半径；color表示框阴影的颜色；inset表示插图，阴影面向内部。

三、设置元素背景

在Dreamweaver 2021中，可以使用"CSS设计器"面板的"属性"窗格设置元素的背景图像与背景颜色等。

1. 设置背景图像

设置背景图像的具体操作方法是，首先在"属性"窗格的"背景"设置区中找到background-image属性；然后单击子属性url右侧的"浏览"按钮▣，打开"选择图像源文件"对话框；最后在其中选择图像文件，并单击"确定"按钮，如图3-25所示。

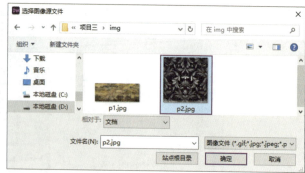

图3-25　设置背景图像

在"属性"窗格的"背景"设置区中，与背景图像相关的属性有多个，常用的属性如图3-26所示。

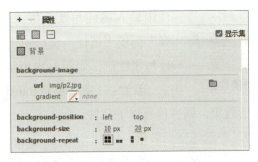

图3-26　与背景图像相关的常用属性

（1）使用background-position属性可以设置背景图像的位置。该属性有两个参数，第1个参数表示背景图像在水平方向的位置，可以使用关键字left、center与right表示；第2个参数表示背景图像在垂直方向的位置，可以使用关键字top、center与bottom表示。默认情况下，背景图像的左上角会与元素的左上角重合。

小贴士

> background-position属性的两个参数也都可以使用带有单位的数值或百分比表示。当使用数值或百分比表示时，均以左上角为原点确定背景图像的位置。

（2）使用background-size属性可以设置背景图像的大小。该属性有两个参数，第1个参数表示宽度；第2个参数表示高度。

（3）使用background-repeat属性可以设置背景图像的重复显示。属性值有4个，repeat（▦）表示在水平与垂直方向上重复显示；repeat-x（▬）表示在水平方向上重复显示；repeat-y（▮）表示在垂直方向上重复显示；no-repeat（■）表示不重复显示，只显示一次。

2．设置背景颜色

设置背景颜色的具体操作方法是，在"属性"窗格的"背景"设置区中设置background-colo属性的值，如图3-27所示。

图3-27　设置背景颜色

四、设置变形与过渡

CSS3中新增了一些用于设置元素的变形与过渡效果的属性，从而展示丰富的动画效果。

1．设置变形

由于Dreamweaver 2021的"CSS设计器"面板默认不提供设置变形的属性，所以设置变形时需要开发人员手动添加相关属性。添加方式有两种，一种是直接在CSS3文

图3-28　手动添加属性与属性值

件中输入属性与属性值；另一种是在"CSS设计器"面板"属性"窗格的"更多"设置区中添加属性与属性值，如图3-28所示。

在CSS3中，使用transform属性可实现元素的平移、缩放与旋转等变形效果，属性值有以下几种。

（1）none（默认值），表示无变形效果。

（2）translate(x,y)，表示平移方法，用于重新设置元素的位置。两个参数分别表示元素水平移动与垂直移动的方向和距离，参数值为带有单位的数值或百分比。当参数值为正数时，元素水平向右或垂直向下移动；当参数值为负数时，元素水平向左或垂直向上移动。若只设置一个参数值，则第2个参数值默认为0。

（3）scale(x,y)，表示缩放方法，用于改变元素的尺寸。两个参数分别表示元素宽度与高度的缩放比例。参数的绝对值大于1表示按比例放大；参数的绝对值小于1表示按比例缩小。当参数值为负数时，元素在缩放的同时翻转显示。若只设置一个参数值，则表示宽度与高度的缩放比例相同。

（4）rotate(angle)，表示旋转方法，用于将元素旋转一定角度。参数表示旋转的角度，如"30deg"。其中，deg为角度的单位，表示度。当参数值为正数时，元素按顺时针旋转；当参数值为负数时，元素按逆时针旋转。

（5）skew(x-angle,y-angle)，表示倾斜方法，用于将元素倾斜一定角度。两个参数分别表示元素相对于垂直方向与水平方向的倾斜角度。

小贴士

以上方法皆为2D变形方法，此外还有3D变形方法，如rotateX(angle)、rotateY(angle)与rotateZ(angle)方法，它们表示在三维空间中旋转元素。

2. 设置过渡

CSS3提供了用于设置过渡的属性，使用这些属性可以在不引入JavaScript的情况下，使元素的样式从一个状态向另一个状态缓慢变化，从而丰富页面效果。使用Dreamweaver 2021设置过渡时，同样需要手动添加相关属性。添加方式前面已有介绍，下面介绍CSS3中用于设置过渡的相关属性。

（1）transition-property属性用于设置应用过渡效果的属性。属性值为具体属性的名称（如width、height等），若有多个属性名，各属性名之间用英文逗号隔开。默认属性值none表示不为任何属性应用过渡效果；属性值all表示为所有属性应用过渡效果。

（2）transition-duration属性用于设置过渡效果的变化时间。属性值为带有单位的数值，单位一般为s（秒）或ms（毫秒），默认值为0（没有过渡的过程，直接显示结果）。

（3）transition-timing-function属性用于设置过渡效果的速度曲线。常用的属性值cubiczier(n,n,n,n)表示贝塞尔曲线，n的取值范围为0～1；linear表示匀速，等同于cubiczier(0,0,1,1)；ease（默认值）表示开始慢速中间加速最后减速，等同于cubiczier(0.25,0.1,0.25,1)。

（4）transition-delay属性用于设置过渡效果开始之前需要等待的时间，其设置方法与transition-duration属性相同。

任务实施——制作"科技学院"主页的"新闻动态"模块

本任务实施将制作"科技学院"主页的"新闻动态"模块，页面效果如图3-29所示。

图3-29 "科技学院"主页"新闻动态"模块的页面效果

步骤 1 继续在任务一任务实施的基础上操作，或使用本书配套素材"项目三"/"任务二"/"college"文件夹中的文件替换"college"站点文件夹中的文件，并打开"index.html"文件，按"F12"键查看页面效果，如图3-30所示。

制作"科技学院"主页的
"新闻动态"模块

图3-30 "科技学院"主页"新闻动态"模块的初始页面效果

步骤 ② 找到\<main\>→\<section class="sheet_2"\>→\<div class="box_img fl_l"\>标签，该标签中包含3个\<div\>标签，将鼠标指针置于第1个\<div\>标签中。

步骤 ③ 添加图像。在"插入"面板中单击"Image"按钮，打开"选择图像源文件"对话框，然后选择本站点的"img"文件夹中的"img2.png"图像，单击"确定"按钮，如图3-31所示。

图3-31　添加图像

步骤 ④ 添加标题。在\<img /\>标签下方添加\<h1\>标签，内容为"校校合作育人才　互帮互助共发展"。

步骤 ⑤ 添加段落。在\<h1\>标签下方添加\<p\>标签，内容为"12月22日，科技学院与多位计算机名师联合举办'校校合作　互补互助'研修活动，推进高校教师教育与地方基础教育对接，拓宽高校人才培育渠道。"。

步骤 ⑥ 参照步骤3～5与图3-29，在其余两个\<div\>标签中依次添加图像、标题与段落，图像地址分别为"img/img3.png"与"img/img4.png"。

步骤 ⑦ 参照步骤3，在\<div class="box_img fl_l"\>标签下方添加两个图像。第1个图像的地址为"img/img1.png"，标签的id属性值为"xwdt_p"、class属性值为"fl_r"（".fl_r"选择器中已设置布局样式）；第2个图像的地址为"img/xwdt_3.png"。此时页面效果如图3-32所示。

图3-32　添加图像后的页面效果

步骤 8 打开"CSS设计器"面板，在"源"窗格中选择"index.css"选项，在"@媒体："窗格中选择"全局"选项。

步骤 9 将鼠标指针置于src属性值为"img/img2.png"的<img />标签中，然后在"选择器"窗格中选择".box_img div"选项并单击"添加选择器"按钮 ，自动添加选择器".box_img.fl_l div img"。

步骤 10 设置左侧图像的样式。在"属性"窗格中设置margin属性的右边距为"16px"，在float属性右侧单击"Left"按钮 （表示元素向左浮动），如图3-33所示。

 小 贴 士

float属性用于设置浮动，相关内容将在项目六中详细介绍。

步骤 11 设置右侧图像的样式。在"选择器"窗格中单击"添加选择器"按钮 ，输入"#xwdt_p"后按"Enter"键添加"#xwdt_p"选择器，设置margin属性的顶部边距为"40px"，在width属性右侧双击并输入"565px"，在height属性右侧双击并输入"400px"，如图3-34所示。

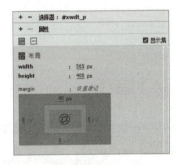

图3-33 设置左侧图像的样式　　　图3-34 设置右侧图像的样式

步骤 12 在文档标签栏中选中"index.css"标签打开CSS文件，按"Ctrl+S"组合键保存文件，页面效果如图3-29所示。

任务三 在网页中添加音视频

任务描述

音视频能够丰富网页的信息传递方式，为用户带来更多元的视听感受。本任务首先介绍在网页中添加音频与视频的方法，然后通过制作"科技学院"主页的"学院风采"模块，使学生练习使用Dreamweaver 2021在网页中添加音视频的操作。

全班学生以3～5人为一组，各组选出小组长，小组长组织组内成员扫码观看视频"网页中的音视频"，讨论并回答以下问题。

问题1：网页中的音视频有哪些呈现方式？

网页中的音视频

问题2：网页音视频的设计要点有哪些？

一、添加音频

使用Dreamweaver 2021在网页中添加音频的具体操作方法如下。

（1）添加音频占位符。确定添加音频的位置，在"插入"面板中单击"HTML5 Audio"按钮 ◀ HTML5 Audio ，添加一个<audio>标签，网页中同时嵌入一个音频占位符，如图3-35所示。

图3-35　添加音频占位符

（2）导入音频文件。首先选中<audio>标签；然后选择"窗口"/"属性"选项，打开"属性"面板，单击"源"编辑框右侧的"浏览"按钮 📁，打开"选择音频"对话框；最后在其中选择音频文件，并单击"确定"按钮，如图3-36所示。

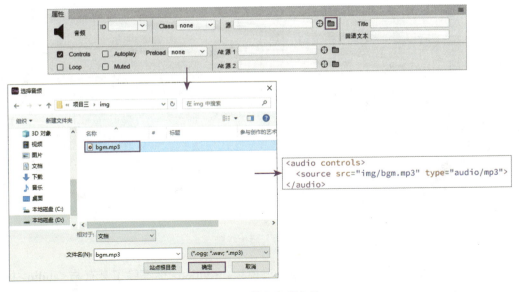

图3-36 导入音频文件

在HTML5中，使用<audio>标签标记音频，使用<source>标签标记音视频资源（如音频文件、视频文件等）。<audio>标签具有多个属性，下面介绍"属性"面板中显示的<audio>标签的几个重要属性。

① ID：用于设置音频的标题。

② 源：用于设置音频源文件。

③ Controls：选中该属性，表示显示音频播放控件。

④ Autoplay：选中该属性，表示音频在加载完成后自动播放。

⑤ Loop：选中该属性，表示音频循环播放。

⑥ Muted：选中该属性，表示将音频静音。

⑦ "Alt源1"和"Alt源2"：用于设置不同格式的音频源文件。当使用的浏览器不支持"源"编辑框中设置的音频文件的格式时，浏览器会打开此处设置的音频文件。

小 贴 士

<audio>标签支持的音频文件格式有ogg、wav和mp3。

二、添加视频

使用Dreamweaver 2021在网页中添加视频的方法与添加音频的方法类似，首先确定添加视频的位置；然后在"插入"面板中单击"HTML5 Video"按钮 ⊟ HTML5 Video，添加<video>标签；接着选中<video>标签并打开"属性"面板；最后在"属性"面板中导入视频文件，如图3-37所示。

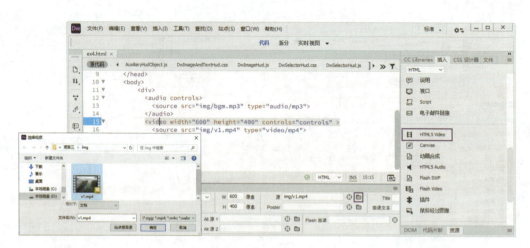

图 3-37 添加视频

在 HTML5 中，使用 <video> 标签标记视频。<video> 标签除了具有与 <audio> 标签相同的属性外，还具有 "W" 与 "H" 两个属性，它们分别用于设置视频的宽度与高度。

小 贴 士

<video> 标签支持的视频文件格式有 ogg、mp4、webm、ogv 和 3gp。

任务实施——制作"科技学院"主页的"学院风采"模块

本任务实施将制作"科技学院"主页的"学院风采"模块，页面效果如图 3-38 所示。

制作"科技学院"主页的
"学院风采"模块

图 3-38 "科技学院"主页"学院风采"模块的页面效果

步骤 1 继续在任务二任务实施的基础上操作，或使用本书配套素材"项目三"/"任务三"/"college"文件夹中的文件替换"college"站点文件夹中的文件，并打开"index.html"文件，按"F12"键查看页面效果，如图3-39所示。

图3-39　"科技学院"主页"学院风采"模块的初始页面效果

步骤 2 将鼠标指针置于<main>→<section class="sheet_1">→<div class="xyfc fl_l">→<div class="box_v1">标签中。

步骤 3 在"插入"面板中单击"HTML5 Video"按钮，添加<video>标签，然后在"属性"面板中单击"源"编辑框右侧的"浏览"按钮，如图3-40所示。

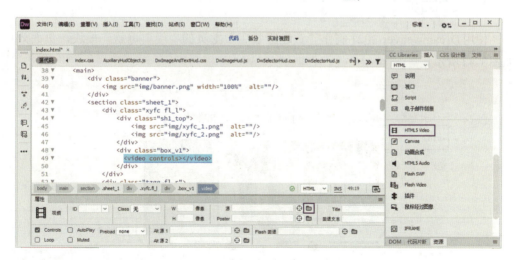

图3-40　添加视频占位符

步骤 4 打开"选择视频"对话框，选择本站点的"img"文件夹中的"v1.mp4"文件，单击"确定"按钮，然后在"属性"面板的"W"编辑框中输入"680"，如图3-41所示。

73

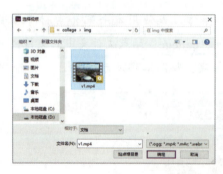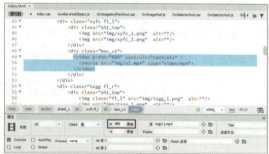

图3-41　导入视频文件并设置宽度

 步骤 5 按"Ctrl+S"组合键保存文件，页面效果如图3-38所示。

项目实训——制作"童趣服装店"主页的"经典爆款"模块

1. 实训目标

（1）练习在网页中添加文本、图像的操作。
（2）练习美化文本、图像的操作。

2. 实训内容

使用Dreamweaver 2021制作"童趣服装店"主页的"经典爆款"模块，页面效果如图3-42所示。

图3-42　"童趣服装店"主页"经典爆款"模块的页面效果

3. 实训提示

（1）以本书配套素材"项目三"/"项目实训"/"TQshop"文件夹为基础创建同名站点。如已创建站点，可使用"TQshop"文件夹中的文件替换站点文件夹中的文件。

（2）打开"index.html"文件，参照图3-42在<main>→<section class="box_jdbk">标签的3个<div class="jdbk">标签中添加图像与文本。其中，为引用图像"jdbk_4.png"～"jdbk_6.png"的标签添加class属性，值为"jdbk_p1"；为引用图像"jdbk_3.png"的标签添加class属性，值为"jdbk_p2"。

（3）设置标题的样式，字体大小为18像素（font-size:18px），顶部边距、右边距、底部边距、左边距分别为25像素、15像素、5像素、自动设置（margin:25px 15px 5px auto）。

（4）设置段落的样式，字体大小为28像素（font-size:28px），文本颜色为暗红色（color:#CD4323），字体加粗（font-weight:bold）。

（5）设置"jdbk_4.png"～"jdbk_6.png"图像的样式，边框半径为20像素（border-radius:20px）。

（6）设置"jdbk_3.png"图像的样式，向右浮动（float:right），顶部边距、右边距、底部边距、左边距分别为30像素、20像素、自动设置、自动设置（margin:30px 20px auto auto）。

项目总结

完成本项目的学习与实践后，请总结应掌握的重点内容，并将图3-43中的空白处填写完整。

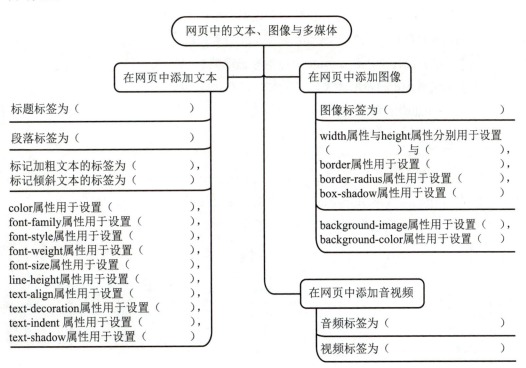

图3-43 项目总结

项目考核

1. 选择题

（1）下列关于文本标签的说法中，不正确的是（　　）。

    A．<p>标签用于标记段落文本

    B．<sup>标签与<sub>标签分别用于标记上标文本与下标文本

    C．<h1>标签标记的标题级别最低

    D．<strong>标签用于标记粗体的文本

（2）下列属性中，用于设置字体系列的是（　　）。

    A．font-family   B．font-size

    C．font-style   D．font-weight

（3）下列图像标签的属性中，用于设置图像引用地址的是（　　）。

    A．width   B．src

    C．height   D．alt

（4）下列属性中，用于设置边框半径的是（　　）。

    A．border   B．border-shadow

    C．border-style   D．border-radius

（5）下列关于在网页中添加音视频的叙述中，不正确的是（　　）。

    A．在HTML5中使用<audio>标签标记音频

    B．在HTML5中使用<video>标签标记视频

    C．设置Autoplay属性表示音频加载完成后自动播放

    D．<audio>标签仅支持ogg格式的文件

2. 判断题

（1）用于设置文本水平对齐方式的属性为text-indent。   （　　）

（2）"background-repeat:repeat"表示背景图像仅显示一次。   （　　）

（3）<source>标签可以标记音频文件与视频文件。   （　　）

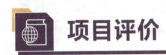

项目评价

请学生结合本项目的学习情况，对学习成果进行自评和互评（组内成员互相评分），请指导教师进行师评和总评，并将评价结果填入表3-1中。

表3-1 学习成果评价表

评价项目	评价内容	分值	评价得分		
			自评	互评	师评
知识（40%）	在网页中添加文本、图像与音视频的方法	15分			
	用于标记文本、图像与音视频的标签	10分			
	文本样式与图像样式的设置方法	15分			
能力（40%）	在网页中添加文本与特殊字符，并设置文本样式	15分			
	在网页中添加图像，并设置图像样式	15分			
	在网页中添加音视频	10分			
素养（20%）	具有自主学习意识，做好课前准备	5分			
	文明礼貌，遵守课堂纪律	5分			
	互帮互助，具有团队精神	5分			
	认真负责，按时完成学习、实践任务	5分			
合计		100分			
总评	综合分数：_____ 综合等级：_____		指导教师签字：_____		

注：综合分数可按照"自评（25%）+互评（25%）+师评（50%）"进行计算；综合等级可以"优"（90分≤综合分数≤100分）、"良"（80分≤综合分数＜90分）、"中"（60分≤综合分数＜80分）、"差"（综合分数＜60分）为标准进行评价。

项目四

网页中的列表与超链接

项目导读

　　列表是网页中常用的元素，使用它能够以整齐的方式排列显示网页的内容，使网页更加清晰、整洁。超链接是构建网页导航和实现交互的重要元素，能够使用户在网页之间、网页内部及不同资源之间进行跳转与交互。此外，组合使用列表与超链接还能制作出网页中非常重要的模块，如导航栏。本项目将介绍网页中列表、超链接与常见导航栏的相关知识，以及使用Dreamweaver 2021在网页中添加列表与超链接并设置样式的方法和制作导航栏的方法。

学习目标

知识目标

- ➼ 掌握在网页中添加列表与超链接的方法。
- ➼ 掌握用于标记列表与超链接的标签。
- ➼ 掌握列表样式与超链接样式的设置方法。
- ➼ 掌握制作常见导航栏的方法。

技能目标

- ➼ 能够使用Dreamweaver 2021在网页中添加列表，并设置列表样式。
- ➼ 能够使用Dreamweaver 2021在网页中添加超链接，并设置超链接样式。
- ➼ 能够使用Dreamweaver 2021制作常见的导航栏。

素质目标

- ➼ 保持积极主动的学习态度，增强自身工作能力。
- ➼ 培养规划事务的意识，增强处理生活和学习中各类信息的能力。

任务一　在网页中添加列表 ▼

任务描述

　　列表在网页中应用广泛，不仅可以整齐呈现文本、图像等网页内容，还可以用于制作导航栏、菜单栏等网页模块。本任务首先介绍在网页中添加列表的方法，然后介绍设置列表样式的方法，最后在"科技学院"主页中添加列表，使学生练习使用Dreamweaver 2021在网页中添加列表并设置列表样式的操作。

任务准备

　　全班学生以3～5人为一组，各组选出小组长，小组长组织组内成员扫码观看视频"网页中的列表"，讨论并回答以下问题。

　　问题1：网页中的列表有哪些应用？

网页中的列表

　　问题2：任选一种类型的网站，简述如何设计网页中的列表。

一、添加列表

　　使用Dreamweaver 2021在网页中添加列表的具体操作方法是，首先确定添加列表的位置；然后在"插入"面板中单击"无序列表"按钮（或单击"有序列表"按钮）；接着将鼠标指针置于添加的列表标签中，在"插入"面板中单击"列表项"按钮；最后在列表项标签中输入内容。"插入"面板中的列表按钮如图4-1所示。

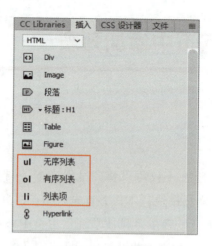

图4-1 "插入"面板中的列表按钮

在HTML5中，常见的列表有无序列表与有序列表。默认情况下，这两种列表中列表项的内容会由上至下依次排列显示在网页中，且每个列表项左侧都有一个项目标记。

（1）无序列表。单击"无序列表"按钮再单击"列表项"按钮添加的是无序列表，代码及页面效果如图4-2所示。

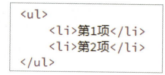

图4-2 无序列表的代码及页面效果

其中，<ul>标签用于标记无序列表，<li>标签用于标记列表项。一个<ul>标签中可以包含一个或多个<li>标签。

无序列表中的列表项没有先后之分，项目标记默认为实心圆。

（2）有序列表。单击"有序列表"按钮再单击"列表项"按钮添加的是有序列表，代码及页面效果如图4-3所示。

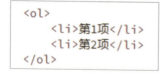

图4-3 有序列表的代码及页面效果

其中，<ol>标签用于标记有序列表。一个<ol>标签同样可以包含一个或多个<li>标签。

有序列表中的列表项有先后之分，项目标记默认为阿拉伯数字。对于强调排列顺序的内容可以使用有序列表来制作，如排行榜等。

自定义列表是HTML5中的一种特殊的列表结构，它包含列表标题与列表内容两部分，列表内容是对列表标题的解释说明。用于标记自定义列表的标签是<dl>，它包含<dt>与<dd>两个子标签。<dt>标签用于标记列表标题，<dd>标签用于标记列表内容。在使用Dreamweaver 2021添加自定义列表时，需要手动输入代码。

在设计与制作网页时，适当添加列表能够更加高效地组织和安排信息，使信息更加清晰和易于理解。人们在生活中也可以使用列表来安排、记录或规划日常事务，帮助自己有条理地、高效地完成各项事情。例如，我们可以制作列表安排每天的待办事项、列出日常的购物清单、制订实现目标或梦想的计划等，避免自己遗漏重要的信息或事情，同时也激励自己不断前进。

二、设置列表样式

在Dreamweaver 2021中，通常使用"CSS设计器"面板设置列表的样式，在"属性"窗格中，用于设置列表样式的属性有多个，如图4-4所示。

图4-4　用于设置列表样式的属性

（1）list-style-position属性用于设置列表项目标记位置。属性值inside（▤）表示项目标记在列表项之内；默认属性值outside（▤）表示项目标记在列表项左侧。

（2）list-style-image属性用于设置列表样式图像。默认属性值none表示无列表样式图像；属性值url(src)表示设置列表样式图像，src为列表样式图像的引用地址。设置列表样式图像的具体操作方法是，首先单击属性右侧，在展开的下拉列表中选择"url"选项；然后单击"浏览"按钮▦，打开"选择图像源文件"对话框，选择图像文件并单击"确定"按钮。

（3）list-style-type属性用于设置列表项目标记类型，其常用的属性值及说明如表4-1所示。

表4-1　list-style-type属性常用的属性值及说明

属性值	说明	属性值	说明
none	不使用项目标记	lower-alpha	小写英文字母
circle	空心圆	lower-roman	小写罗马数字
decimal-leading-zero	以0开头的数字	square	实心方块
decimal	阿拉伯数字	upper-alpha	大写英文字母
disc	实心圆	upper-roman	大写罗马数字

任务实施——在"科技学院"主页中添加列表

本任务实施将在"科技学院"主页中添加列表，页面效果如图4-5所示。

在"科技学院"
主页中添加列表

图4-5　"科技学院"主页中列表的页面效果

步骤 1 以本书配套素材"项目四"/"任务一"/"college"文件夹为基础创建同名站点。如已创建站点，可使用"college"文件夹中的文件替换站点文件夹中的文件。

步骤 2 打开"index.html"文件，按"F12"键查看页面效果，如图4-6所示。

图4-6　"科技学院"主页的初始页面效果

步骤 3 找到<header>→<section class="head2">→<img />标签，将鼠标指针置于该标签下方。

步骤 4 添加文本列表。在"插入"面板中单击"无序列表"按钮，添加<ul>标签，设置其class属性值为"top2 fl_r"，然后将鼠标指针置于<ul>标签中，单击"列表项"按钮，添加<li>标签，并在<li>标签中输入"首页"。

步骤 5 参照图4-5在"首页"列表项下方添加其余列表项，如图4-7所示。

步骤 6 打开"CSS设计器"面板，在"源"窗格中选择"index.css"选项，在"@媒体："窗格中选择"全局"选项。

步骤 7 设置文本列表的样式。添加".top2 li"选择器，设置margin属性值为"40px 20px"，float属性值为"left"（▤），font-size属性值为"18px"，list-style-type属性值为"none"，如图4-8所示。

```
<ul class="top2 fl_r">
    <li>首页</li>
    <li>学院风采</li>
    <li>新闻动态</li>
    <li>通知公告</li>
    <li>招生就业</li>
    <li>在线论坛</li>
    <li>师资力量</li>
    <li>人才引进</li>
</ul>
```

图4-7　文本列表的具体代码

图4-8　设置文本列表的样式

步骤 8 添加图像列表。将鼠标指针置于<main>→<section class="sheet_3">标签中，然后参照步骤4和图4-5添加无序列表及6个列表项，各列表项的内容分别为本站点的"img"文件夹中的"lj1.png"～"lj6.png"图像，如图4-9所示。

步骤 9 设置图像列表的样式。添加".sheet_3 li"选择器，设置margin属性值为"30px 9px"，float属性值为"left"（▤），list-style-type属性值为"none"，如图4-10所示。

```
<ul>
    <li><img src="img/lj1.png" alt=""/>
    </li>
    <li><img src="img/lj2.png" alt=""/>
    </li>
    <li><img src="img/lj3.png" alt=""/>
    </li>
    <li><img src="img/lj4.png" alt=""/>
    </li>
    <li><img src="img/lj5.png" alt=""/>
    </li>
    <li><img src="img/lj6.png" alt=""/>
    </li>
</ul>
```

图4-9　图像列表的具体代码

图4-10　设置图像列表的样式

步骤 10 找到"body,p,h1,footer,html"选择器（已包含样式），将选择器修改为"body,p,h1,footer,html,ul"，去除无序列表默认的边距与填充。

步骤 11 保存文件，页面效果如图4-5所示。

 任务二 **在网页中添加超链接** ▼

任务描述

超链接是网页中的常见元素。使用超链接可以实现不同的功能，如页面跳转、在浏览器中全屏查看图像、下载资源文件、确定页面位置等。本任务首先介绍在网页中添加超链接的方法，然后介绍设置超链接样式的方法，最后通过在"科技学院"主页中添加超链接，使学生练习使用Dreamweaver 2021在网页中添加超链接并设置超链接样式的操作。

任务准备

全班学生以3～5人为一组，各组选出小组长，小组长组织组内成员扫码观看视频"网页中的超链接"，讨论并回答以下问题。

问题1：网页中的超链接有哪些类型？

网页中的超链接

问题2：任选一种类型的网站，简述如何设计网页中的超链接。

一、添加超链接

使用Dreamweaver 2021在网页中添加超链接的具体操作方法是，首先确定添加超链接的位置；然后在"插入"面板中单击"Hyperlink"按钮，打开"Hyperlink"对话框；接着在"文本"编辑框中输入超链接的内容，在"链接"编辑框中输入目标地址

（或单击"浏览"按钮🗀，在打开的"选择文件"对话框中直接选择资源文件并单击"确定"按钮），在"目标"下拉列表中选择打开目标地址的方式；最后单击"确定"按钮，如图4-11所示。

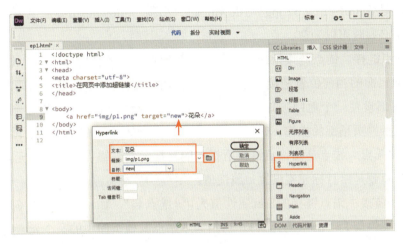

图4-11　添加超链接

在HTML5中，使用<a>标签标记超链接。<a>标签中的内容是超链接的载体，载体可以是文本、图像或文本与图像组合而成的内容块。

<a>标签的属性有href、target等。其中，href属性用于设置目标地址（如果没有指向的目标地址，属性值可设置为"#"，表示空链接）；target属性用于设置打开目标地址的方式，默认属性值_self表示在当前标签页中加载目标地址，属性值_blank与new表示在新的标签页中加载目标地址。

👤 小 贴 士

如果在"Hyperlink"对话框中没有输入任何内容而直接单击"确定"按钮，页面中就会自动生成一个载体与目标地址均为"#"的空链接。

根据实现功能的不同，可以将超链接分为网页链接、图像链接、下载链接、锚点链接等类型。

（1）网页链接。网页链接指向网页，其href属性值为网址或网页文件的地址，如href="http://www.baidu.com"或href="html/test.html"。单击网页链接，可以从当前页面跳转到指定页面。

（2）图像链接。图像链接指向图像，其href属性值为图像的地址，如href="img/p2.jpg"。单击图像链接，可以在浏览器中全屏查看图像。

（3）下载链接。下载链接指向资源文件，其href属性值为资源文件的地址。单击下载链接，可以将资源文件下载至本地计算机。若资源文件（如压缩文件）不能被浏览器解析，则只需要设置href属性的值（如href="img/test.zip"），浏览器即可执行下载操作；若资源文件（如jpg、png、gif、txt等格式的文件）能够被浏览器解析和识别，则除了需要设置href属性的值，还需要使用HTML5新增的属性download强制浏览器执行下载操作，如同时设置href="img/p2.jpg"与download="小狗"。download属性值表示下载文件的名称，不必要时可以为空。

（4）锚点链接。锚点链接指向同一页面或其他页面中的特定元素。单击锚点链接，可以从当前页面的当前位置链接到当前页面或其他页面的指定位置。例如，在篇幅较长的网页底部设置一个返回顶部的锚点链接，单击该链接可以直接定位到网页顶部，从而简化返回网页顶部的操作。在网页中添加锚点链接时需要先创建锚点再添加链接。

① 创建锚点。锚点是指锚点链接所指向的目标元素，锚点名为目标元素的id属性值。创建锚点就是给目标元素设置id属性值。

② 添加链接。锚点链接的href属性值为"#锚点名"，如href="#p5"（表示链接当前页面中id属性值为"p5"的元素）。当指向本站点其他页面中的某个元素时，需要在"#"符号前加上页面的地址，如href="test.html#p1"（表示链接本站点的"test.html"页面中id属性值为"p1"的元素）。

🔖 小 贴 士

> 除了上述超链接外，还有一种特殊的超链接，即图像热点链接。图像热点链接是指在某个图像上创建多个热点区域，并分别为这些区域设置不同的超链接，当单击某个热点区域时可跳转至对应的目标地址。感兴趣的读者可参考本书配套素材"项目四"/"foodmap.html"文件或查阅相关资料学习。

二、设置超链接样式

超链接中的文本默认具有下画线效果，且访问前文本的颜色为蓝色、鼠标指针悬停时文本的颜色不变（鼠标指针变为👆）、访问时文本的颜色为红色、访问后文本的颜色为紫色，如图4-12所示。一般在制作网页时都需要重新设置超链接的样式，以统一当前网站的风格。

图4-12　超链接的默认样式

设置访问前、访问后、鼠标指针悬停时和访问时超链接的样式需要使用伪类选择器，分别为":link"":visited"":hover"":active"。如果想要为超链接的多种状态设置样式，就需要按照上述顺序依次添加选择器，否则部分样式将无法显示。

【例4-1】 设置不同状态下超链接的样式，页面效果如图4-13所示。

图4-13 不同状态下超链接的样式

步骤 ① 在Dreamweaver 2021中创建"atest.html"文件，网页标题为"设置超链接的样式"。

步骤 ② 添加超链接。将鼠标指针置于<body>标签中，然后在"插入"面板中单击"Hyperlink"按钮，打开"Hyperlink"对话框，接着在"文本"编辑框中输入"超链接的样式"，最后单击"确定"按钮。

步骤 ③ 打开"CSS设计器"面板，在"源"窗格中单击"添加CSS源"按钮，在展开的下拉列表中选择"在页面中定义"选项，然后在"@媒体："窗格中选择"全局"选项。

步骤 ④ 设置访问前超链接的样式。添加"a:link"选择器，设置color属性值为"#000000"，font-size属性值为"18px"，text-decoration属性值为"none"（☒），如图4-14所示。

步骤 ⑤ 设置访问后超链接的样式。添加"a:visited"选择器，设置color属性值为"#6A6A6A"，如图4-15所示。

图4-14 设置访问前超链接的样式

图4-15 设置访问后超链接的样式

步骤 ⑥ 设置鼠标指针悬停时超链接的样式。添加"a:hover"选择器，设置color属性值为"#27844C"，如图4-16所示。

步骤 ⑦ 设置访问时超链接的样式。添加"a:active"选择器，设置color属性值为"#CC44E4"，如图4-17所示。

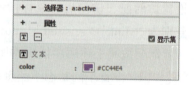

图4-16 设置鼠标指针悬停时超链接的样式　　图4-17 设置访问时超链接的样式

步骤 8 保存文件，页面效果如图4-13所示。

任务实施——在"科技学院"主页中添加超链接

在"科技学院"主页中添加超链接

本任务实施将在"科技学院"主页中添加超链接，页面效果如图4-18所示。

图4-18 "科技学院"主页中超链接的页面效果

步骤 1 继续在任务一任务实施的基础上操作，或使用本书配套素材"项目四"/"任务二"/"college"文件夹中的文件替换站点文件夹中的文件，并打开"index.html"文件，按"F12"键查看页面效果，如图4-19所示。

图4-19 "科技学院"主页的初始页面效果

步骤 2 将鼠标指针置于<header>→<div class="bg">→<section class="head1">→<nav class="top1 fl_r">标签中。

步骤 3 添加顶部超链接。在"插入"面板中单击"Hyperlink"按钮，打开"Hyperlink"对话框，然后在"文本"编辑框中输入"资源下载中心"，单击"确定"按钮，如图4-20所示。

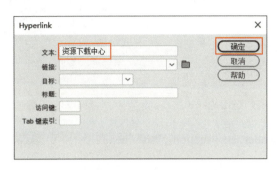

图4-20 添加顶部超链接

步骤 4 参照步骤3与图4-18，在nav class="top1 fl_r">标签中添加其余的顶部超链接（最后一个超链接的内容是图像，图像地址为"img/tops.png"），此时页面效果如图4-21所示。

图4-21 添加顶部超链接后的页面效果

步骤 5 打开"CSS设计器"面板，在"源"窗格中选择"index.css"选项，在"@媒体："窗格中选择"全局"选项。

步骤 6 设置所有超链接的样式。添加"a"选择器，设置display属性值为"inline-block"，color属性值为"#595757"，text-decoration属性值为"none"（▧），如图4-22所示。

🧑 **小 贴 士**

display属性用于设置显示。属性值inline-block表示以行内块元素的形式显示；block表示以块级元素的形式显示；none表示不显示。相关内容将在项目六中详细介绍。

步骤 7 设置顶部超链接的样式。添加".top1 a"选择器，设置margin属性值为"10px 0px 0px 30px"，font-size属性值为"14px"，如图4-23所示。

图4-22　设置所有超链接的样式

图4-23　设置顶部超链接的样式

步骤 8　找到<header>→<section class="head2">→<ul class="top2 fl_r">标签，选中该标签中第1个<li>标签中的"首页"文本。

步骤 9　添加导航超链接。在"插入"面板中单击"Hyperlink"按钮，打开"Hyperlink"对话框，在"链接"编辑框中输入"index.html"，并单击"确定"按钮，添加<a>标签标记"首页"文本。

步骤 10　参照步骤9为页面中导航超链接的其他列表项添加空的超链接。

步骤 11　为目标地址是当前页面（本例中为主页）的导航超链接（src属性值为"index.html"的<a>标签）添加class属性，值为"active"。

步骤 12　设置导航超链接的样式。添加".top2 a:hover,a.active"选择器，设置color属性值为"#0071B6"，设置鼠标指针悬停时导航超链接的样式和指向当前页面的导航超链接的样式，如图4-24所示。

图4-24　设置导航超链接的样式

步骤 13　保存文件，页面效果如图4-18所示。

任务三　制作常见导航栏

 任务描述

导航栏是网页的重要组成部分，它含有不同的导航选项，可以帮助用户快速访问网站的各个部分。网页中常见的导航栏类型有横向导航栏、纵向导航栏、下拉导航栏等。本任务首先介绍网页中常见导航栏的制作方法，然后通过制作"在线学习网"主页的导航栏，使学生练习使用Dreamweaver 2021制作导航栏的操作。

🌐 任务准备

全班学生以3～5人为一组，各组选出小组长，小组长组织组内成员扫码观看视频"网页中的导航栏"，讨论并回答以下问题。

问题1：网页中的导航栏有哪些类型？

网页中的导航栏

问题2：任选一种类型的网站，简述如何设计网页中的导航栏。

一、制作横向导航栏

横向导航栏是网页中最常见的一种导航栏，它以水平的方式呈现整个网站中最主要的导航选项，通常放置在网页的顶部。

【例4-2】 制作横向导航栏，页面效果如图4-25所示。

图4-25　横向导航栏的页面效果

步骤 1 在Dreamweaver 2021中创建"nav1.html"文件，网页标题为"横向导航栏"。

步骤 2 添加导航栏容器。将鼠标指针置于\<body\>标签中，然后在"插入"面板中单击"Navigation"按钮，打开"插入Navigation"对话框，单击"确定"按钮，添加\<nav\>标签。

步骤 3 添加导航选项容器和导航选项。在\<nav\>标签中添加一个\<ul\>标签，在\<ul\>标签中添加7个\<li\>标签；参照图4-26在每个\<li\>标签中添加一个href属性值为"#"的\<a\>标签，并输入相应的内容。

步骤 4 打开"CSS设计器"面板，在"源"窗格中单击"添加CSS源"按钮 **+**，在展开的下拉列表中选择"在页面中定义"选项，然后在"@媒体："窗格中选择"全局"选项。

步骤 5 设置导航栏容器的样式。添加"nav"选择器，设置margin属性值为"0px"，background-color属性值为"#B4D2D2"，如图4-27所示。

```
<body>
    <nav>
        <ul>
            <li><a href="#">首 页</a></li>
            <li><a href="#">限时优惠</a></li>
            <li><a href="#">品牌特卖</a></li>
            <li><a href="#">实用家电</a></li>
            <li><a href="#">超市生鲜</a></li>
            <li><a href="#">服饰鞋帽</a></li>
            <li><a href="#">儿童娱乐</a></li>
        </ul>
    </nav>
</body>
```

图4-26 横向导航栏的具体代码

图4-27 设置导航栏容器的样式

步骤 6 设置导航选项容器的样式。添加"ul"选择器，设置width属性值为"900px"，margin属性值为"0px auto"；添加"li"选择器，设置display属性值为"inline-block"，如图4-28所示。

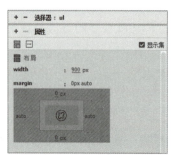

图4-28 设置导航选项容器的样式

步骤 7 设置导航选项的样式。添加"li a"选择器，设置display属性值为"block"，padding属性值为"20px"，color属性值为"#2F4F4F"，font-weight属性值为"bold"，font-size属性值为"20px"，text-decoration属性值为"none"（☒），如图4-29所示。

小贴士

padding属性用于设置填充，其设置方法与margin属性类似，相关内容将在项目六中详细介绍。

步骤 **8** 设置鼠标指针悬停时导航选项的样式。添加"li a:hover"选择器，设置color属性值为"#4F3636"，如图4-30所示。

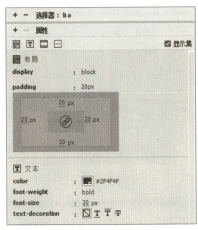

图4-29　设置导航栏选项的样式　　　　图4-30　设置鼠标指针悬停时导航选项的样式

步骤 **9** 保存文件，页面效果如图4-25所示。

二、制作纵向导航栏

纵向导航栏以垂直的方式呈现导航选项，通常放置在网页的侧边。纵向导航栏中的导航选项通常是针对主体导航栏中导航选项的二次细分。

【例4-3】 制作纵向导航栏，页面效果如图4-31所示。

步骤 **1** 在Dreamweaver 2021中创建"nav2.html"文件，网页标题为"纵向导航栏"。

步骤 **2** 添加导航栏容器和导航选项。将鼠标指针置于\<body>标签中，然后添加\<nav>标签，最后参照图4-32在\<nav>标签中添加10个href属性值为"#"的\<a>标签，并输入相应的内容。

```
<body>
    <nav>
        <a href="#">HTML5简介</a>
        <a href="#">HTML5基础</a>
        <a href="#">HTML5元素</a>
        <a href="#">HTML5属性</a>
        <a href="#">HTML5标题</a>
        <a href="#">HTML5段落</a>
        <a href="#">HTML5图像</a>
        <a href="#">HTML5背景</a>
        <a href="#">HTML5列表</a>
        <a href="#">HTML5链接</a>
    </nav>
</body>
```

图4-31　纵向导航栏的页面效果　　　　图4-32　纵向导航栏的具体代码

步骤 3 打开"CSS设计器"面板，在"源"窗格中单击"添加CSS源"按钮➕，在展开的下拉列表中选择"在页面中定义"选项，然后在"@媒体："窗格中选择"全局"选项。

步骤 4 设置整个页面的样式。添加 "body"选择器，设置background-color属性值为 "#FFFAE8"，如图4-33所示

图4-33 设置整个页面的样式

步骤 5 设置导航栏容器的样式。添加 "nav"选择器，设置width属性值为"250px"，border属性值为"2px dotted #AAAA7F"，border-radius属性值为"4px"，background-color属性值为"#FFFCEF"，如图4-34所示。

步骤 6 设置导航选项的样式。添加"nav a"选择器，设置display属性值为 "block"，margin属性值为"10px auto"，color属性值为"#5D5D5D"，text-align属性值为"center"（☰），text-decoration属性值为"none"（◩），border-bottom属性值为"1px dotted #5D5D5D"（先选择底部边框再设置各子属性的值），如图4-35所示。

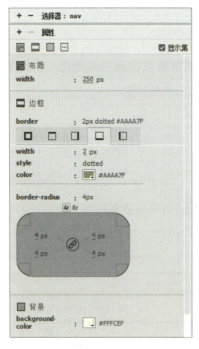

图4-34 设置导航栏容器的样式

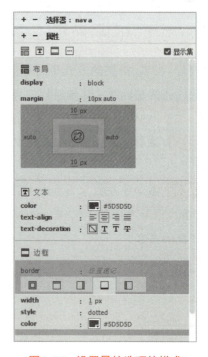

图4-35 设置导航选项的样式

步骤 7 设置最后一个导航选项的样式。添加"nav a:last-child"选择器，设置border-bottom属性值为"none"（仅设置style子属性的值），如图4-36所示。

步骤 8 设置鼠标指针悬停时导航选项的样式。添加"nav a:hover"选择器，设置color属性值为"#919100"，如图4-37所示。

图4-36　设置最后一个导航选项的样式　　　　图4-37　设置鼠标指针悬停时导航选项的样式

步骤 9 保存文件，页面效果如图4-31所示。

三、制作下拉导航栏

下拉导航栏是指带有下拉菜单的导航栏。当网站的网页较多时，可以通过下拉菜单分层显示导航栏中的导航选项，这样不仅能节省页面的空间，也能容纳更多的导航选项，还能丰富导航栏的功能，提升用户的体验感。

【例4-4】 制作下拉导航栏，页面效果如图4-38所示。

图4-38　下拉导航栏的页面效果

步骤 1 在Dreamweaver 2021中创建"nav3.html"文件，网页标题为"下拉导航栏"。

步骤 2 添加导航栏容器。将鼠标指针置于<body>标签中，添加<nav>标签并将鼠标指针置于该标签中；在"插入"面板中单击"Div"按钮，打开"插入Div"对话框，在"Class"编辑框中输入"nav_t"，单击"确定"按钮，添加<div>标签。

步骤 3 添加导航选项容器。参照步骤2在<div class="nav_t">标签中添加一个class属性值为"t_d"的<div>标签。

步骤 4 添加导航选项。在<div class="t_d">标签中添加一个href属性值为"#"、class属性值为"til"的<a>标签，并在<a>标签中输入"电视"。

步骤 5 添加子选项容器。在<a href="#" class="til">标签下方添加一个class属性值为"down"的<div>标签。

步骤 6 添加子选项。参照图4-39在<div class="down">标签中添加5个href属性值为"#"的<a>标签，并输入相应的内容。

```
<div class="t_d">
    <a href="#" class="til">电视</a>
    <div class="down">
        <a href="#">全面屏电视</a>
        <a href="#">教育电视</a>
        <a href="#">OLED电视</a>
        <a href="#">智慧屏</a>
        <a href="#">4K超清电视</a>
    </div>
</div>
```

图4-39　第1个导航选项及其子选项的具体代码

步骤 7 参照步骤2～6与本书配套素材"项目四"/"nav3F.html"文件，继续添加其余的导航选项及其子选项。

步骤 8 打开"CSS设计器"面板，在"源"窗格中单击"添加CSS源"按钮➕，在展开的下拉列表中选择"在页面中定义"选项，然后在"@媒体："窗格中选择"全局"选项。

步骤 9 设置导航栏容器的样式。添加"nav"选择器，设置background-color属性值为"#E7E7E7"；添加".nav_t"选择器，设置width属性值为"550px"，margin属性值为"0px auto"，如图4-40所示。

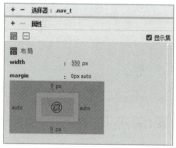

图4-40　设置导航栏容器的样式

步骤 10 设置导航选项容器的样式。添加".t_d"选择器，设置display属性值为"inline-block"，如图4-41所示。

步骤 11 设置导航选项的样式。添加".til"选择器，设置display属性值为"block"，margin属性值为"5px"，padding属性值为"10px 15px"，color属性值为"white"（白色），font-size

图4-41　设置导航选项容器的样式

属性值为"16px"，text-decoration属性值为"none"（▨），border-radius属性值为"5px"，background-color属性值为"#5E9EB0"，如图4-42所示。

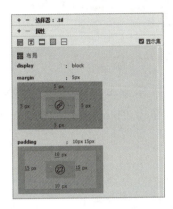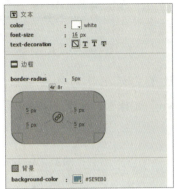

图4-42　设置导航选项的样式

步骤 12 设置子选项容器的样式。添加".down"选择器，设置width属性值为"120px"，display属性值为"none"，position属性值为"absolute"，background-color属性值为"#F1F1F1"，如图4-43所示。

👤 **小　贴　士**

position属性用于设置定位方法，属性值absolute表示绝对定位，相关内容将在项目六中详细介绍。

步骤 13 设置子选项的样式。添加".down a"选择器，设置display属性值为"block"，padding属性值为"12px 16px"，color属性值为"black"（黑色），text-decoration属性值为"none"（▨），如图4-44所示。

图4-43　设置子选项容器的样式

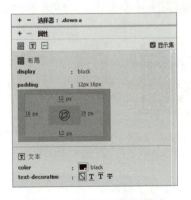

图4-44　设置子选项的样式

步骤 14 设置鼠标指针悬停时子选项的样式。添加".down a:hover"选择器，设置background-color属性值为"#F7F7F7"，如图4-45所示。

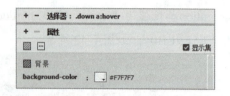

图4-45　设置鼠标指针悬停时子选项的样式

步骤⑮ 设置鼠标指针悬停在导航选项容器上时子选项容器的样式。添加 ".t_d:hover .down"选择器，设置display属性值为"block"（从不显示变为显示），如 图4-46所示。

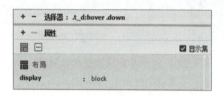

图4-46　设置鼠标指针悬停在导航选项容器上时子选项容器的样式

步骤⑯ 设置鼠标指针悬停在导航选项容器上时导航选项的样式。添加 ".t_d:hover .til"选择器，设置background-color属性值为"#417E7F"，如图4-47所示。

图4-47　设置鼠标指针悬停在导航选项容器上时导航选项的样式

步骤⑰ 保存文件，页面效果如图4-38所示。

制作"在线学习网"
主页的导航栏

任务实施——制作"在线学习网"主页的导航栏

本任务实施将制作"在线学习网"主页的导航栏，页面效果 如图4-48所示。

图4-48　"在线学习网"主页导航栏的页面效果

步骤 **1** 以本书配套素材"项目四"/"任务三"/"studyOL"文件夹为基础创建同名站点，然后打开"index.html"文件，按"F12"键查看页面效果，如图4-49所示。

图4-49 "在线学习网"主页的初始页面效果

步骤 **2** 找到<header>→<div class="header-inner inner clearfix">→<div class="header-left flex clearfix">→<nav class="fl clearfix">→<a class="menu-icon fr">标签，将鼠标指针置于该标签下方。

步骤 **3** 添加导航选项容器和导航选项。添加一个class属性值为"nav-list clearfix"的<ul>标签，并在该标签中添加6个<li>标签；在每个<li>标签中添加一个href属性值为"#"的<a>标签，并参照图4-48在<a>标签中输入相应的内容。

步骤 **4** 设置第1个<li>标签中<a>标签的href属性值为"index.html"。

步骤 **5** 为目标地址是当前页面（本例为主页）的导航选项（src属性值为"index.html"的<a>标签）添加class属性，值为"active"，具体代码如图4-50所示。

```
<nav class="fl clearfix">
    <a class="menu-icon fr"></a>
    <ul class="nav-list clearfix">
        <li><a class="active" href="index.html">首页</a></li>
        <li><a href="#">课程</a></li>
        <li><a href="#">图书</a></li>
        <li><a href="#">学校</a></li>
        <li><a href="#">经销商</a></li>
        <li><a href="#">更多</a></li>
    </ul>
</nav>
```

图4-50 导航选项的具体代码

步骤 **6** 打开"CSS设计器"面板，在"源"窗格中选择"index.css"选项，然后在"@媒体："窗格中选择"全局"选项。

步骤 **7** 设置导航选项容器的样式。添加".nav-list li"选择器，设置margin属性值为"0px 0px 0px 30px"，float属性值为"left"（▤），font-weight属性值为"bold"，font-size属性值为"16px"，如图4-51所示。

步骤 **8** 设置导航选项的样式。添加".nav-list li a:hover,.nav-list li a.active"选择器，设置color属性值为"#16FA82"，设置鼠标指针悬停时导航选项的样式和指向当前页面的导航选项的样式，如图4-52所示。

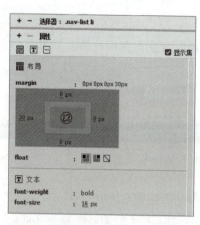

图4-51　设置导航选项容器的样式　　　　　图4-52　设置导航选项的样式

 保存文件，页面效果如图4-48所示。

项目实训——制作"童趣服装店"主页的导航栏

1. 实训目标

（1）练习在网页中添加列表与超链接的操作。

（2）练习美化列表与超链接的操作。

（3）练习利用列表与超链接制作导航栏的操作。

2. 实训内容

使用Dreamweaver 2021制作"童趣服装店"主页的导航栏，页面效果如图4-53所示。

图4-53　"童趣服装店"主页导航栏的页面效果

3. 实训提示

（1）以本书配套素材"项目四"/"项目实训"/"TQshop"文件夹为基础创建同名

站点。如已创建站点，可使用"TQshop"文件夹中的文件替换站点文件夹中的文件。

（2）打开"index.html"文件，找到<header>→<section class="box_nav">标签，在该标签中的超链接下方添加一个无序列表（标签的class属性值为"fl_r"），并在无序列表中添加5个列表项，然后在每个列表项中添加一个空的超链接（首个超链接标签的目标地址为"index.html"、class属性值为"active"），并参照图4-53输入超链接的内容。

（3）设置超链接的样式，字体大小为20像素（font-size:20px），顶部边距与底部边距、左边距与右边距分别为45像素、40像素（margin:45px 40px），颜色为灰色（color:#595757）。

（4）设置鼠标指针悬停时超链接的样式和指向当前页面的超链接的样式，颜色为黄色（color:#F9BF2B）。

✷ 项目总结

完成本项目的学习与实践后，请总结应掌握的重点内容，并将图4-54中的空白处填写完整。

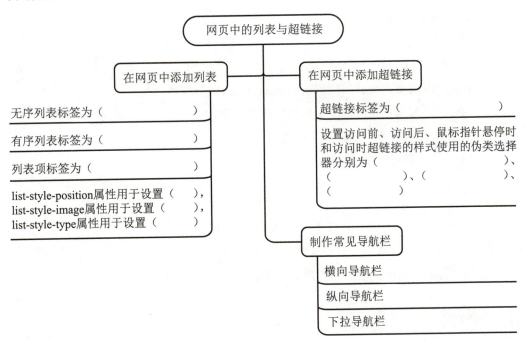

图4-54　项目总结

1. 选择题

（1）下列关于列表标签的叙述中，不正确的是（　　）。

    A．<ul>标签用于标记无序列表

    B．<ol>标签用于标记有序列表

    C．<li>标签用于标记列表项

    D．<dt>标签用于标记自定义列表

（2）下列属性中，用于设置列表项目标记类型的属性是（　　）。

    A．list-style-image   B．list-style-position

    C．list-style-type   D．list-style

（3）下列列表项目标记类型的属性值中，表示实心圆的是（　　）。

    A．disc   B．circle

    C．square   D．decimal

（4）下列超链接的类型中，目标地址指向资源文件的是（　　）。

    A．网页链接   B．下载链接

    C．图像链接   D．锚点链接

（5）下列关于超链接的叙述中，不正确的是（　　）。

    A．<a>标签的href属性表示目标地址

    B．<a>标签的href属性值可以指向图像文件

    C．下载链接不可以链接压缩文件

    D．锚点链接的href属性值为"#锚点名"

2. 判断题

（1）在HTML5中，列表只有无序列表与有序列表。   （　　）

（2）:hover伪类选择器用于设置访问前超链接的样式。   （　　）

（3）超链接的目标地址为"#"时表示空链接。   （　　）

项目评价

请学生结合本项目的学习情况，对学习成果进行自评和互评（组内成员互相评分），请指导教师进行师评和总评，并将评价结果填入表4-2中。

表4-2　学习成果评价表

评价项目	评价内容	分值	评价得分		
			自评	互评	师评
知识（40%）	在网页中添加列表与超链接的方法	10分			
	用于标记列表与超链接的标签	10分			
	列表样式与超链接样式的设置方法	10分			
	制作常见导航栏的方法	10分			
能力（40%）	在网页中添加列表，并设置列表样式	10分			
	在网页中添加超链接，并设置超链接样式	15分			
	制作常见的导航栏	15分			
素养（20%）	具有自主学习意识，做好课前准备	5分			
	文明礼貌，遵守课堂纪律	5分			
	互帮互助，具有团队精神	5分			
	认真负责，按时完成学习、实践任务	5分			
合计		100分			
总评	综合分数：_____	指导教师签字：_____			
	综合等级：_____				

注：综合分数可按照"自评（25%）+互评（25%）+师评（50%）"进行计算；综合等级可以"优"（90分≤综合分数≤100分）、"良"（80分≤综合分数＜90分）、"中"（60分≤综合分数＜80分）、"差"（综合分数＜60分）为标准进行评价。

项目五

网页中的表格与表单

项目导读

表格功能强大，结构多样，适合制作格式化较强的模块。表单是实现用户与网站交互的重要工具，如将用户输入的账号及密码等信息传送至后台服务器以实现登录、注册功能等。本项目将介绍网页中表格与表单的相关知识，以及使用Dreamweaver 2021在网页中添加表格与表单并设置样式的方法。

学习目标

知识目标

▸ 掌握在网页中添加表格与表单的方法。
▸ 掌握用于标记表格与表单的标签。
▸ 掌握表格样式与表单样式的设置方法。

技能目标

▸ 能够使用Dreamweaver 2021在网页中添加表格，并设置表格样式。
▸ 能够使用Dreamweaver 2021在网页中添加表单，并设置表单样式。

素质目标

▸ 勤动脑、多思考，持续提升学习和工作能力。
▸ 增强条理性与系统性，能够更好地组织和规划生活中的各种事务。

任务一　在网页中添加表格

任务描述

　　表格能够以二维表的形式展示各种各样的信息，以便用户阅读和理解。本任务首先介绍在网页中添加表格与调整表格结构的方法，然后介绍设置表格样式的方法，最后通过制作"列车时刻表"网页，使学生练习使用 Dreamweaver 2021 在网页中添加表格并设置表格样式的操作。

任务准备

　　全班学生以 3～5 人为一组，各组选出小组长，小组长组织组内成员扫码观看视频"网页中的表格"，讨论并回答以下问题。

　　问题 1：网页中的表格有哪些应用？

　　问题 2：任选一种类型的网站，简述如何设计网页中的表格。

网页中的表格

一、添加表格

表格由行和列组成，行和列的交点称为单元格，如图 5-1 所示。

	星期一	星期二	星期三	星期四	星期五
早自习	晨会	语文	英语	语文	英语
第一节	数学	化学	政治	数学	语文
第二节	英语	地理	语文	英语	物理
第三节	历史	英语	化学	政治	化学
第四节	语文	数学	物理	生物	地理
第五节	体育	语文	英语	地理	自习
第六节	地理	物理	数学	化学	生物
第七节	化学	政治	历史	语文	英语
第八节	物理	生物	体育	历史	数学

行　　　　　　　　　　　　　　　　　　　单元格　　　　　　　　　　　　　　　　列

图 5-1　表格

使用Dreamweaver 2021可以在网页中添加表格，具体操作方法是，首先确定添加表格的位置；然后在"插入"面板中单击"Table"按钮，打开"Table"对话框；接着在"表格大小"设置区中设置表格的行数、列数、表格宽度、表格边框粗细及单元格的边距与间距，在"标题"设置区中选择表格表头所在的位置，在"辅助功能"设置区中设置表格的标题与摘要；最后单击"确定"按钮，如图5-2所示。

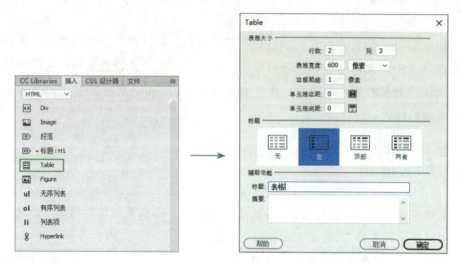

图5-2　添加表格

添加表格后，自动生成的代码与页面效果如图5-3所示。

```html
<table width="600" border="1"
cellspacing="0" cellpadding="0">
    <caption>表格</caption>
    <tbody>
        <tr>
            <th scope="row"> </th>
            <td> </td>
            <td> </td>
        </tr>
        <tr>
            <th scope="row"> </th>
            <td> </td>
            <td> </td>
        </tr>
    </tbody>
</table>
```

图5-3　表格的代码与页面效果

（1）<table>标签用于标记表格。该标签具有width、border、cellspacing、cellpadding等属性。

其中，width属性用于设置表格宽度；border属性用于设置表格边框粗细（与CSS3中的border属性不同）；cellspacing属性用于设置单元格间距，即单元格之间的距离；cellpadding属性用于设置单元格边距，即单元格的内容与边框的距离。这4个属性的值均为数值，单位均默认为像素。

（2）<caption>标签用于标记表格标题。标题是指表格的名称，用于概括整个表格表达的内容。一个<table>标签中只能添加一个<caption>标签，且<caption>标签一般位于<table>标签内容的首行。

（3）<tbody>标签用于标记表体。表体是指表格的主体，由多个单元格组成。一个<tbody>标签中可以添加一个或多个<tr>标签。

（4）<tr>标签用于标记行。一个<tr>标签中可以添加一个或多个<th>标签或<td>标签。

（5）<th>标签用于标记表头单元格。表头是对表格中的一个或一组信息的概括或解释，设置表头可以方便用户快速理解表格内容的含义，提高表格的可读性。

<th>标签的scope属性用于设置当前单元格是行的表头（属性值为row）还是列的表头（属性值为col）。需要注意的是，<th>标签必须放置在<tr>标签中。

小 贴 士

在实际应用中，可以根据需要将表头单元格放置在表格中的任意位置，也可以设置多重表头。默认情况下，表头单元格中的文本呈现为居中对齐、字体加粗。

（6）<td>标签用于标记普通单元格。

小 贴 士

在实际应用中，可以根据需要将表格按行或列进行分组。

（1）按行分组。一个完整的表格按行分组可分为表头、表体和表尾3部分，分别使用<thead>、<tbody>和<tfoot>标签对它们进行标记。当表格中的数据过多以至于无法在屏幕中完整显示时，可以将表头与表尾的内容设置为始终可见，表体的内容则设置为滚动或翻页显示，以达到更佳的显示效果。

（2）按列分组。当需要单独设置表格中某一列或多列的样式时，可以先将表格按列分组，再设置样式。在HTML5中，使用<col>标签对列进行分组，每个<col>标签依次对应表格中的列。该标签一般位于第1个<tr>标签上方。指定<col>标签span属性的值（属性值为列的个数）可以将连续的多列分为一组。

二、调整表格结构

当直接添加的表格的结构无法满足需求时，可以在Dreamweaver 2021的设计视图中使用快捷菜单对表格的结构进行调整。具体操作方法是，首先添加表格；然后在设计视图中选中需要调整的单元格并右击；最后在弹出的快捷菜单中选择"表格"选项，在展开的子选项列表（见图5-4）中选择调整操作对应的选项。

表格(B)	▶	选择表格(S)	
段落格式(P)	▶	合并单元格(M)	Ctrl+Alt+M
列表(L)	▶	拆分单元格(P)...	Ctrl+Alt+Shift+T
字体(N)	▶	插入行(N)	Ctrl+M
样式(S)	▶	插入列(C)	Ctrl+Shift+A
CSS 样式(C)	▶	插入行或列(I)...	
模板(T)	▶	删除行(D)	Ctrl+Shift+M
元素视图(W)	▶	删除列(E)	Ctrl+Shift+-
代码浏览器(C)...		增加行宽(R)	
环绕标签(W)...		增加列宽(A)	Ctrl+Shift+]
快速标签编辑器(Q)...		减少行宽(W)	
创建链接(L)		减少列宽(U)	Ctrl+Shift+[
打开链接页面(K)		✓ 表格宽度(T)	
添加到收藏夹(F)		扩展表格模式(X)	

图5-4　表格选项的子选项列表

【例5-1】　制作"高中课程表"网页，页面效果如图5-5所示。

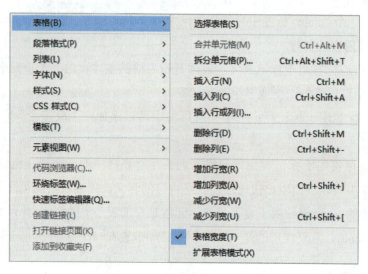

图5-5　"高中课程表"网页的页面效果

步骤 1 在Dreamweaver 2021中新建"schedule.html"文件，网页标题为"高中课程表"。

步骤 2 将鼠标指针置于<body>标签中，然后在"插入"面板中单击"Table"按钮，打开"Table"对话框。

步骤 3 添加表格。在"行数"编辑框中输入"12"，在"列"编辑框中输入"7"，在"表格宽度"编辑框中输入"600"，在"标题"设置区中选择"两者"选项，在"标题"编辑框中输入"高中课程表"，然后单击"确定"按钮，如图5-6所示。

步骤 4 在文档工具栏中单击下拉按钮 ▾，在展开的下拉列表中选择"设计"选项，然后单击"设计"按钮，切换至设计视图，查看当前表格的结构，如图5-7所示。

图5-6 添加表格

图5-7 查看当前表格的结构

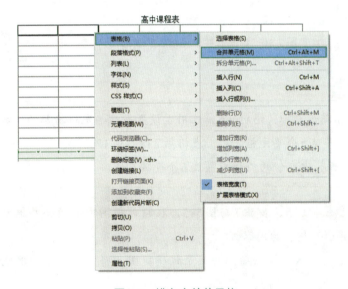

步骤 5 横向合并单元格。在设计视图中选中表格第1行的第1列与第2列单元格并右击，在弹出的快捷菜单中选择"表格"/"合并单元格"选项，如图5-8所示。

图5-8 横向合并单元格

步骤 6 在文档工具栏中单击"代码"按钮，切换至代码视图，查看自动更新的表格代码，如图5-9所示。

```
<tr>
  <th colspan="2" scope="col"> </th>
  <th scope="col"> </th>
  <th scope="col"> </th>
  <th scope="col"> </th>
  <th scope="col"> </th>
  <th scope="col"> </th>
</tr>
```

图5-9 横向合并单元格的表格代码

在代码中，第1个<th>标签增加了colspan属性，该属性用于设置当前单元格跨越的列数，属性值为列的个数。合并这两个单元格之后，表格第1行的第1个单元格跨越两列，故第1个<tr>标签中包含的<th>标签由7个变为6个。

步骤 7 纵向合并单元格。单击"设计"按钮，切换至设计视图，选中表格第1列的第2行至第6行单元格并右击，在弹出的快捷菜单中选择"表格"/"合并单元格"选项，合并这5个单元格。此时，代码视图中的表格代码已自动更新，如图5-10所示。

```
<tr>
  <th rowspan="5" scope="row"> </th>
  <td> </td>          .
  <td> </td>
  <td> </td>
  <td> </td>
  <td> </td>
</tr>
```

图5-10　纵向合并单元格后的表格代码（第2行）

与colspan属性相似，rowspan属性用于设置当前单元格跨越的行数，属性值为行的个数。合并这5个单元格之后，表格第2行的第1个单元格跨越5行，故第3个至第6个<tr>标签中包含的<td>标签由6个变为5个。

步骤 8 参照步骤5、步骤7与图5-5，在设计视图中继续合并单元格，然后分别单击各单元格并输入相应的内容。

步骤 9 单击"代码"按钮，切换至代码视图，将"早自习"单元格对应的<td>标签修改为<th>标签，如图5-11所示。

```
<tr>
  <th rowspan="5" scope="row">上午</th>
  <th>早自习</th>
  <td>晨会</td>
  <td>语文</td>
  <td>英语</td>
  <td>语文</td>
  <td>英语</td>
</tr>
```

图5-11　修改标签后的表格代码

步骤 10 参照步骤9将"第一节""第二节"……"第八节"单元格对应的<td>标签修改为<th>标签。

步骤11 打开"CSS设计器"面板，在"源"窗格中单击"添加CSS源"按钮➕，在展开的下拉列表中选择"在页面中定义"选项，然后在"@媒体："窗格中选择"全局"选项。

步骤12 设置所有行的样式。添加"tr"选择器，设置text-align属性值为"center"（≡）。

步骤13 保存文件，页面效果如图5-5所示。

三、设置表格样式

在Dreamweaver 2021中，可以使用"CSS设计器"面板中的"属性"窗格设置表格样式。其中，border属性和border-radius属性前面已经介绍过，下面主要介绍border-collapse属性与border-spacing属性，如图5-12所示。

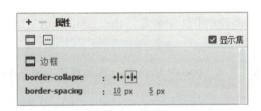

图5-12　设置border-collapse属性与border-spacing属性

（1）border-collapse属性用于设置边框折叠。属性值有两个，collapse（➕｜）表示单元格边框合并为单一的边框，去除单元格之间默认存在的边距；separate（➕｜｜）表示单元格边框分开显示。

（2）border-spacing属性用于设置边框空间。该属性有两个参数，分别表示水平方向与垂直方向的边框空间。属性值通常使用带有单位的数值表示。

小贴士

设置表格样式时需要考虑元素的层叠性。默认情况下，表格中不同元素的样式显示优先级为td>th>tr>thead=tfoot=tbody>col>colgroup>table。

任务实施——制作"列车时刻表"网页

本任务实施将制作"列车时刻表"网页，页面效果如图5-13所示。

制作"列车时刻表"网页

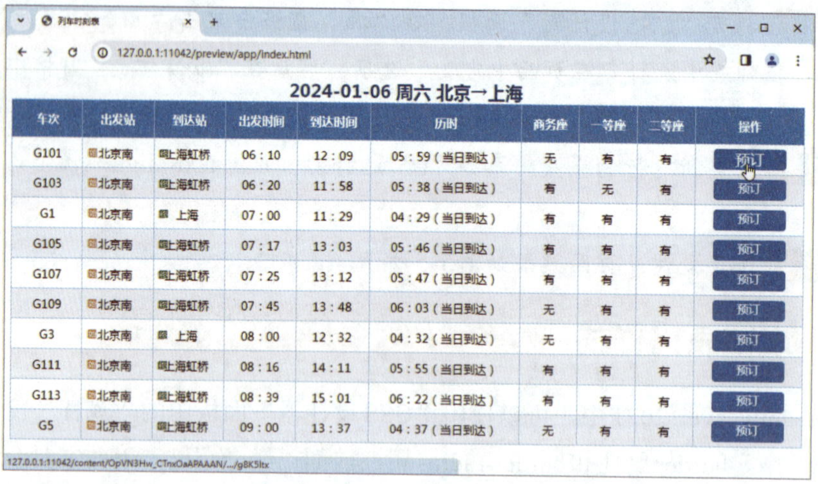

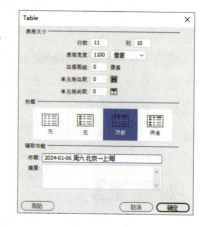

图5-13 "列车时刻表"网页的页面效果

步骤1 在Dreamweaver 2021中新建"timetable.html"文件，网页标题为"列车时刻表"。

步骤2 将鼠标指针置于\<body>标签中，然后在"插入"面板中单击"Table"按钮，打开"Table"对话框。

步骤3 添加表格。在"行数"编辑框中输入"11"，在"列"编辑框中输入"10"，在"表格宽度"编辑框中输入"1100"，在"边框粗细""单元格边距""单元格间距"编辑框中均输入"0"，在"标题"设置区中选择"顶部"选项，在"标题"编辑框中输入"2024-01-06周六 北京→上海"，然后单击"确定"按钮，如图5-14所示。

步骤4 参照图5-13输入各单元格的内容。其中，表格最后一列中的"预订"文本放置在空的超链接中。

图5-14 添加表格

步骤5 在\<caption>标签下方手动添加以下代码，将表格按列分组并设置每组的宽度。

```
<!--前5列为一组，每列宽100像素-->
<col span="5" width="100px" />
<!--第6列为一组，列宽210像素-->
<col width="210px" />
<!--第7至9列为一组，每列宽80像素-->
<col span="3" width="80px" />
<!--第10列为一组，列宽150像素-->
<col width="150px" />
```

步骤 6 打开"CSS设计器"面板，在"源"窗格中单击"添加CSS源"按钮✛，在展开的下拉列表中选择"在页面中定义"选项（<head>标签中自动生成<style>标签），然后在"@媒体："窗格中选择"全局"选项。

步骤 7 设置整个表格的样式。添加"table"选择器，设置border-collapse属性值为"collapse"（╫），如图5-15所示。

步骤 8 设置表格标题的样式。添加"table caption"选择器，设置color属性值为"#125581"，font-weight属性值为"bold"，font-size属性值为"1.5em"，如图5-16所示。

图5-15 设置整个表格的样式

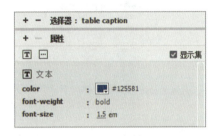

图5-16 设置表格标题的样式

步骤 9 设置表头单元格的样式。添加"th"选择器，设置height属性值为"50px"，color属性值为"#FFFFFF"，text-align属性值为"center"（≡），border属性值为"1px solid #A4CDFF"，background-color属性值为"#288CCC"，如图5-17所示。

步骤 10 设置普通单元格的样式。添加"td"选择器，设置height属性值为"40px"，text-align属性值为"center"（≡），border属性值为"1px solid #A4CDFF"，如图5-18所示。

图5-17 设置表头单元格的样式

图5-18 设置普通单元格的样式

步骤 **11** 设置超链接的样式。添加"td a"选择器，设置width属性值为"100px"，height属性值为"28px"，display属性值为"block"，margin属性值为"3px auto"，color属性值为"#FFFFFF"，text-decoration属性值为"none"（◨），border-radius属性值为"5px"，background-color属性值为"#1C7FC3"，如图5-19所示。

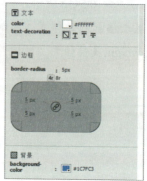

图5-19　设置超链接的样式

步骤 **12** 设置表格奇数行的样式。添加"tbody tr:nth-child(odd)"选择器，设置background-color属性值为"#EEF1F8"，如图5-20所示。

图5-20　设置表格奇数行的样式

小 贴 士

伪类选择器"：nth-child(参数)"用于选择指定父元素下的第i个子元素或奇偶子元素。参数可以为数值，如1、2；也可以为关键字，如odd（表示奇数）、even（表示偶数）；还可以为表达式，如"2n+1""2n"。

步骤 **13** 设置鼠标指针悬停时超链接的样式。添加"td a:hover"选择器，设置font-size属性值为"20px"，如图5-21所示。

步骤 **14** 将本书配套素材"项目五"/"任务一"/"img"文件夹复制并粘贴至"timetable.html"文件的同级文件夹中，然后在<style>标签中输入如下代码，设置第2、3列单元格的样式。

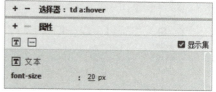

图5-21　设置鼠标指针悬停时超链接的样式

```
/*设置第2列单元格的右填充与背景图像，表示该站为始发站*/
tr td:nth-child(2) {
    padding-right: 5px;
    background: url(img/tb_sfz.jpg) no-repeat 10% 50%;
}
/*设置第3列单元格的右填充与背景图像，表示该站为终点站*/
tr td:nth-child(3) {
    padding-right: 5px;
    background: url(img/tb_zdz.jpg) no-repeat 8% 50%;
}
```

小 贴 士

(1) 上述代码中的background属性用于同时设置多个与背景相关的属性。

(2) "/* */"是CSS3中的注释代码。

步骤15 保存文件，页面效果如图5-13所示。

任务二　在网页中添加表单

 任务描述

　　表单是网站中非常重要的信息交互元素，主要用于收集与处理信息。本任务首先介绍在网页中添加表单和表单控件的方法，然后介绍设置表单样式的方法，最后通过制作"调查问卷"网页，使学生练习使用Dreamweaver 2021在网页中添加表单并设置表单样式的操作。

任务准备

　　全班学生以3～5人为一组，各组选出小组长，小组长组织组内成员扫码观看视频"网页中的表单"，讨论并回答以下问题。

115

问题1：什么是表单？

网页中的表单

问题2：任选一种类型的网站，简述如何设计网页中的表单。

一、添加表单

表单主要包括表单域、表单控件与提示信息，表单控件中通常都会包含一个提交按钮，如图5-22所示。

图5-22 表单的结构

其中，表单域是放置表单控件与提示信息的容器；表单控件是用于收集或传递用户信息的各类控件，如文本框、单选按钮、复选框、提交按钮、搜索框等；提交按钮是一个特殊的表单控件，用于将通过其他控件收集的信息传送至后台服务器；提示信息一般位于表单控件的左侧或右侧，用于说明表单控件的功能或含义，提示用户表单控件所要收集的信息内容。

使用Dreamweaver 2021可以直接在网页中添加表单，具体操作方法是，首先确定添加表单的位置；然后在"插入"面板的类型下拉列表中选择"表单"选项，显示"表单"列表；最后按照表单的结构分别单击"表单"按钮▤ 表单、"标签"按钮⒜ 标签和具有某种功能的表单控件按钮（如"文本"按钮▭ 文本与"'提交'按钮"按钮☑ '提交'按钮），如图5-23所示。

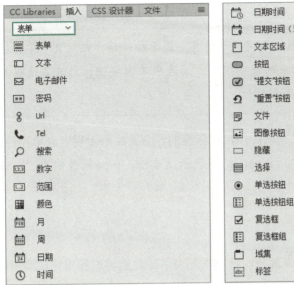

图5-23 "表单"列表

添加表单后，自动生成的代码如图5-24所示。

（1）<form>标签用于标记表单域。一个网页中可以包含多个<form>标签，一个<form>标签中可以添加多种元素，如文本、图像、表格等。<form>标签常用的属性有name、action、method、autocomplete与novalidate等。

```
<form>
    <label></label>
    <input type="text">
    <input type="submit">
</form>
```

图5-24 表单的代码

① name属性用于设置表单名称。

② action属性用于设置接收表单信息的服务器地址，属性值为地址。

③ method属性用于设置提交表单信息的方式，默认属性值为get，一般使用属性值post。

④ autocomplete属性用于设置自动完成功能，属性值有on（开启自动完成功能）和off（关闭自动完成功能）。开启自动完成功能可以将表单控件中曾输入过的内容记录下来，当再次单击表单控件时，会自动展开历史记录的列表，用户选择历史记录选项即可快速输入内容。

⑤ novalidate属性用于设置在提交数据时关闭表单控件对输入内容的验证，属性值为novalidate。

（2）<label>标签用于标记表单控件的提示信息（也可以直接使用文本或图像表示提示信息）。该标签的for属性用于绑定提示信息与表单控件，属性值为对应表单控件的id属性值。

使用<label>标签的for属性绑定提示信息与表单控件后，在网页中单击提示信息所在的区域也能够激活对应的表单控件，如选中单选按钮、勾选复选框等，这大大提升了表单的可用性与可访问性。

（3）<input>标签用于标记表单控件，该标签的type属性用于规定表单控件的类型。例如，type属性值为"text"的<input>标签表示文本框，type属性值为"submit"的<input>标签表示提交按钮。

二、添加表单控件

表单控件是表单的重要组成部分，合理搭配表单控件能够制作出更加实用的表单。

1. 常用表单控件

在"插入"面板的"表单"列表（见图5-23）中单击不同的按钮添加的表单控件大部分都是由<input>标签标记的，该标签是最常用的表单控件标签。下面详细介绍"表单"列表中由<input>标签标记的表单控件。

（1）文本框。单击"文本"按钮 □ 文本 可以添加文本框，自动生成的代码为<input type="text">。文本框用于输入简短的文本，如用户名、账号等。

（2）邮箱地址文本框。单击"电子邮件"按钮 ✉ 电子邮件 可以添加邮箱地址文本框，自动生成的代码为<input type="email">。邮箱地址文本框用于输入邮箱地址文本，可以验证输入的内容是否符合邮箱地址的格式。

（3）密码框。单击"密码"按钮 ✱✱ 密码 可以添加密码框，自动生成的代码为<input type="password">。密码框用于输入密码文本，输入的内容以黑色圆点的格式显示。

（4）地址文本框。单击"Url"按钮 ⑧ Url 可以添加地址文本框，自动生成的代码为<input type="url">。地址文本框用于输入地址文本，可以验证输入的内容是否符合URL格式。

（5）电话号码文本框。单击"Tel"按钮 ☎ Tel 可以添加电话号码文本框，自动生成的代码为<input type="tel">。电话号码文本框用于输入电话号码文本。由于电话号码的格式并不统一，所以在实际开发中通常使用pattern属性设置电话号码的格式。

（6）搜索框。单击"搜索"按钮 ⌕ 搜索 可以添加搜索框，自动生成的代码为<input type="search">。搜索框用于将输入的内容记录下来并作为网站搜索的关键词。

（7）数值文本框。单击"数字"按钮 ▦ 数字 可以添加数值文本框，自动生成的代码为<input type="number">。数值文本框用于输入数字，可以通过设置max、min和

step属性来限制数值的最大值、最小值和间隔。

（8）数值范围滑块。单击"范围"按钮 □□ 范围 可以添加数值范围滑块，自动生成的代码为<input type="range">。数值范围滑块将数值文本框显示为一个可拖动的滑块，可以使用鼠标指针拖动滑块来调节数值。

（9）颜色输入框。单击"颜色"按钮 ■ 颜色 可以添加颜色输入框，自动生成的代码为<input type="color">。单击颜色输入框后将打开"颜色"对话框，可以通过选择颜色的方式输入颜色信息。

（10）日期时间文本框。单击"月""周""日期""时间""日期时间""日期时间（当地）"按钮分别可以添加不同格式的日期时间文本框，自动生成的代码分别为<input type="month">、<input type="week">、<input type="date">、<input type="time">、<input type="datetime">、<input type="datetime-local">。

（11）普通按钮。单击"按钮"按钮 □ 按钮 可以添加普通按钮，自动生成的代码为<input type="button">。普通按钮的具体功能需要通过JavaScript代码实现。

（12）提交按钮。单击"'提交'按钮"按钮 ☑ "提交" 按钮 可以添加提交按钮，自动生成的代码为<input type="submit">。提交按钮用于将用户输入的信息提交至服务器。按钮上的文本（按钮名称）默认为"提交"，也可以使用value属性重新设置。

（13）重置按钮。单击"'重置'按钮"按钮 ↻ "重置" 按钮 可以添加重置按钮，自动生成的代码为<input type="reset">。重置按钮用于清空表单中已输入的信息。按钮上的文本（按钮名称）默认为"重置"，也可以使用value属性设置。

（14）文件域。单击"文件"按钮 🗐 文件 可以添加文件域，自动生成的代码为<input type="file">。文件域包括一个"选择文件"按钮和表示文件信息的文本，单击"选择文件"按钮，将打开"打开"对话框，可在其中选择要上传的文件。

（15）图像形式的提交按钮。单击"图像按钮"按钮 🖾 图像按钮 可以添加图像形式的提交按钮，自动生成的代码为<input type="image">。图像形式的提交按钮与普通提交按钮功能相同，区别在于它能够使用图像代替默认的按钮样式，使按钮更加美观。

（16）单选按钮。单击"单选按钮"按钮 ◉ 单选按钮 可以添加单选按钮，自动生成的代码为<input type="radio">。单选按钮用于设置单项选择，如选择性别、询问意愿（是或否）等。

👤 小 贴 士

　　如果需要添加一组单选按钮，可直接单击"单选按钮组"按钮 🖽 单选按钮 ，打开"单选按钮组"对话框，在"名称"编辑框中输入单选按钮组的名称，在下方的列表框中添加（或删除）单选按钮，并输入提示信息与单选按钮的值，然后单击

"确定"按钮，如图5-25所示。需要注意的是，使用这种方法添加的单选按钮组的代码默认包含在<p>标签中，有时需要手动修改代码。

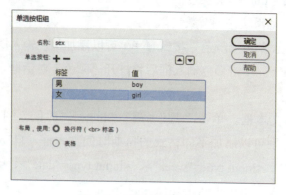

图5-25　添加单选按钮组

（17）复选框。单击"复选框"按钮 ☑ 复选框 可以添加复选框，自动生成的代码为<input type="checkbox">。复选框用于设置多项选择（也可以只选择一项），如选择兴趣爱好、喜欢的食物等。如果需要添加一组复选框，可直接单击"复选框组"按钮 ▦ 复选框组 ，打开"复选框组"对话框，然后在其中根据提示信息添加复选框。

2.　其他表单控件

"插入"面板的"表单"列表中还有一些使用其他标签标记的表单控件，下面详细介绍。

（1）文本区域。单击"文本区域"按钮 ▢ 文本区域 可以添加文本区域，自动生成的代码为<textarea ></textarea>。文本区域显示为一个矩形编辑框，用于输入多行信息。使用cols属性可以设置文本区域每行能够显示的字符数，使用rows属性可以设置文本区域能够显示的行数。

（2）选择框。单击"选择"按钮 ▤ 选择 可以添加选择框，自动生成的代码为<select></select>。选择框用于将选项信息以下拉列表的方式显示。添加选择框的选项需要手动在<select>标签中输入<option>标签，具体代码如下。

```
<select>
    <option>选项1</option>
    <option>选项2</option>
</select>
```

其中，<select>标签用于标记选择框，其中可以包含一个或多个<option>标签；<option>标签用于标记选择框的选项。

3．表单控件的属性

设置表单控件的属性能够限制输入的信息或设置表单控件的状态等，下面详细介绍。

（1）name属性用于设置表单控件的名称；value属性用于设置表单控件的默认值。这两个属性通常会搭配使用。例如，在添加单选按钮或复选框时，需要为同一组的选项设置相同的name属性值以实现单选或复选的效果，而在提交信息后，服务器会根据name属性值获取value属性值以实现更多信息处理。

（2）readonly属性用于禁止修改表单控件输入的内容，属性值为readonly；disabled属性用于禁用表单控件，属性值为disabled。设置这两个属性都会使输入型文本框变为不可编辑状态，但readonly属性无法作用于单选按钮及复选框等控件。

（3）checked属性用于设置默认选中某个单选按钮或复选框，属性值为checked。页面加载后，设置了该属性的单选按钮或复选框默认处于选中状态。

（4）autocomplete属性用于设置自动完成功能，与<form>标签的autocomplete属性用法相同，属性值包括on（开启自动完成功能）与off（关闭自动完成功能）。

（5）autofocus属性用于设置表单控件自动获取焦点，属性值为autofocus。页面加载后，设置了该属性的表单控件默认获得鼠标指针的焦点。

（6）form属性用于设置表单控件所属的表单，属性值为所属表单的id属性值。设置了该属性的表单控件标签可以放置在它所属的<form>标签之外。

（7）placeholder属性用于设置表单控件内的提示信息，属性值为字符串（信息文本或提示符号等，颜色默认为灰色）。该提示信息在表单控件的内容为空时显示，在输入任意字符后消失。

（8）required属性用于设置表单控件不可为空，属性值为required。为某个表单控件设置了该属性后，若不在该表单控件中输入内容则无法提交表单。

（9）pattern属性用于设置限制表单控件输入内容的条件，验证输入内容的格式，属性值为表示相应条件的正则表达式。

小 贴 士

正则表达式又称规则表达式，它使用特定的字符描述一种字符串匹配模式，用于检查字符串是否包含某个字符或是否符合某个条件等。关于正则表达式的具体内容，读者可查阅相关资料。

三、设置表单样式

在Dreamweaver 2021中，可以使用"CSS设计器"面板中的"属性"窗格设置表单（包括表单域、提示信息、表单控件）的样式，相关属性和设置方法前面已经介绍过。

由于表单控件具有独特的交互属性，所以除了可以直接设置表单控件的样式外，还可以使用":focus"":checked"等伪类选择器设置不同状态的表单控件的样式。

（1）使用":focus"选择器可以设置获得焦点的表单控件的样式。

在网页中，部分表单控件获得焦点时默认具有特殊样式，而且不同浏览器中呈现的效果不同。例如，在谷歌浏览器中，获得焦点的文本框默认显示轮廓线，如图5-26所示。在实际的网页制作中，通常需要重新设置获得焦点的表单控件的样式，以符合网页的整体风格。

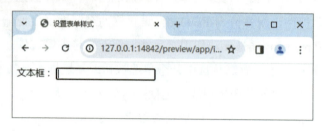

图5-26 谷歌浏览器中获得焦点的文本框的默认样式

在CSS3中，outline属性用于设置元素周围的轮廓线，属性值none表示去除轮廓线。在设置获得焦点的文本框的边框样式时，应先去除轮廓线再设置border属性，如图5-27所示。

图5-27 获得焦点的文本框的边框样式

（2）使用":checked"选择器可以设置选中的单选按钮或复选框的样式。

单选按钮与复选框的默认样式比较单一，无法满足网页设计的需求，因此需要重新设置它们的样式。设置单选按钮与复选框的样式时，可以先将它们隐藏，再通过设置其提示信息的样式来实现单选按钮与复选框的功能，实现方法如下。

首先隐藏单选按钮或复选框；然后使用伪类选择器":checked"匹配选中的单选按钮或复选框，并搭配使用其他选择器匹配选中的单选按钮或复选框的提示信息；最后设置相应提示信息的样式。这样就可以通过提示信息的样式变化提醒用户选择了哪个选项，从而在隐藏单选按钮或复选框的同时不影响使用它们的功能。

【例5-2】 为表单添加单选按钮，并设置选中的单选按钮的样式，页面效果如图5-28所示。

图5-28　单选按钮的页面效果（选择"女"选项）

步骤 1 在Dreamweaver 2021中新建"radio.html"文件，网页标题为"单选按钮"。

步骤 2 将鼠标指针置于<body>标签中，然后打开"插入"面板，在类型下拉列表中选择"表单"选项，显示"表单"列表。

步骤 3 添加提示信息。单击"表单"按钮，添加一个<form>标签，并将鼠标指针置于该标签中，然后单击"标签"按钮，添加一个<label>标签，并在其中输入"性别："。

步骤 4 添加单选按钮。将鼠标指针置于<label>标签下方，然后单击"单选按钮"按钮，添加一个<input type="radio">标签，并设置其id属性值为"boy"，name属性值为"sex"。

步骤 5 添加提示信息。将鼠标指针置于<input>标签下方，然后单击"标签"按钮，添加一个<label>标签，在其中输入"男"，并设置其for属性值为"boy"。

步骤 6 使用同样的方法添加"女"选项，具体代码如图5-29所示。

```
<form>
    <label>性别: </label>
        <input id="boy" type="radio" name="sex">
        <label for="boy">男</label>
        <input id="girl" type="radio" name="sex">
        <label for="girl">女</label>
</form>
```

图5-29　表单的具体代码

步骤 7 保存文件，按"F12"键查看页面效果。此时的单选按钮为默认效果，选中单选按钮或选择相应的提示信息都可以选中单选按钮，如图5-30所示。

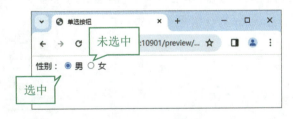

图5-30　选中单选按钮的页面效果

步骤 8 打开"CSS设计器"面板,在"源"窗格中单击"添加CSS源"按钮**+**,在展开的下拉列表中选择"在页面中定义"选项,然后在"@媒体:"窗格中选择"全局"选项。

步骤 9 设置单选按钮的样式。添加"input[type="radio"]"选择器,设置display属性值为"none",此时页面效果如图5-31所示。

图5-31 设置单选按钮样式后的页面效果

步骤 10 设置提示信息的样式。添加"input[type="radio"] + label"选择器,设置padding属性值为"1px 5px",border属性值为"2px solid #518DA3",此时页面效果如图5-32所示。

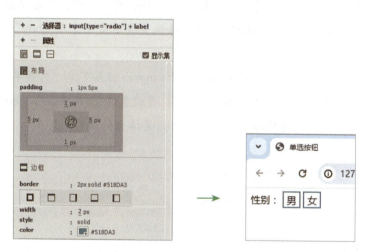

图5-32 设置提示信息样式后的页面效果

步骤 11 设置选中单选按钮时提示信息的样式。添加"input[type="radio"]:checked + label"选择器,设置color属性值为"#F7FFFE",border属性值为"2px solid #55757F",background-color属性值为"#55757F",如图5-33所示。

步骤 12 保存文件,选择"女"选项的页面效果如图5-28所示。

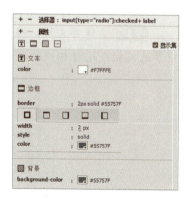

图5-33 设置选中单选按钮时提示信息的样式

小贴士

在实际网页制作中，还可以使用CSS3提供的其他伪类选择器设置不同状态的表单控件的样式。

（1）使用"：disabled"选择器可以设置禁用的表单控件的样式。

（2）使用"：enable"选择器可以设置可用的表单控件的样式。

（3）使用"：required"选择器可以设置必填的表单控件的样式。

（4）使用"：optional"选择器可以设置非必填的表单控件的样式。

（5）使用"：invalid"选择器可以设置输入非法值的表单控件的样式。

（6）使用"：valid"选择器可以设置输入合法值的表单控件的样式。

任务实施——制作"调查问卷"网页

制作"调查问卷"网页

本任务实施将制作"调查问卷"网页，页面效果如图5-34所示。

 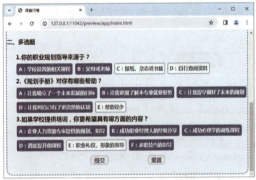

图5-34　"调查问卷"网页的页面效果（完成题目选择）

步骤 1 在 Dreamweaver 2021 中新建"survey.html"文件，网页标题为"调查问卷"。

步骤 2 添加表单。将鼠标指针置于<body>标签中，然后在"插入"面板中打开"表单"列表，单击"表单"按钮，添加一个<form>标签，并设置其action属性值为"#"，method属性值为"post"。

步骤 3 添加标题。在<form>标签中添加一个<h1>标签，并在其中输入"大学生职业规划调查问卷"；在<h1>标签下方添加一个<h2>标签，并在其中输入"个人信息"；在<h2>标签下方添加两个<h3>标签，并分别在其中输入"一、单选题"与"二、多选题"。

步骤 **4** 设置表单的结构。在<h2>标签下方添加一个class属性值为"self"的<div>标签；在第1个<h3>标签下方添加3个class属性值为"question"的<div>标签；在第2个<h3>标签下方添加3个class属性值为"question"的<div>标签和一个class属性值为"btns"的<div>标签，具体代码如图5-35所示。

```
<form action="#" method="post">
    <h1>大学生职业规划调查问卷</h1>
    <h2>个人信息</h2>
    <div class="self"></div>
    <h3>一、单选题</h3>
    <div class="question"></div>
    <div class="question"></div>
    <div class="question"></div>
    <h3>二、多选题</h3>
    <div class="question"></div>
    <div class="question"></div>
    <div class="question"></div>
    <div class="btns"></div>
</form>
```

图5-35　表单结构的具体代码

步骤 **5** 添加姓名提示信息。将鼠标指针置于<div class="self">标签中，然后单击"标签"按钮，添加一个<lable>标签，在其中输入"姓名："，并设置其for属性值为"ge_name"。

步骤 **6** 添加姓名文本框。将鼠标指针置于<label>标签下方，然后单击"文本"按钮，添加一个<input type="text">标签，并设置其id与name属性值均为"ge_name"，required属性值为"required"。

步骤 **7** 添加重点提示信息。将鼠标指针置于<input>标签下方，然后添加一个<span>标签，并在其中输入"*"。

步骤 **8** 添加班级提示信息与文本框。将姓名提示信息和文本框的代码复制并粘贴在<span>标签下方，并将<label>标签中的内容修改为"班级："，将<label>标签的for属性值和<input>标签的id与name属性值均修改为"ge_class"，具体代码如图5-36所示。

```
<div class="self">
    <label for="ge_name">姓名: </label>
    <input id="ge_name" type="text" name="ge_name"  required="required">
    <span>*</span>
    <label for="ge_class">班级: </label>
    <input id="ge_class" type="text" name="ge_class" required="required">
    <span>*</span>
</div>
```

图5-36　个人信息部分的具体代码

步骤⑨ 添加第1道单选题题目。在第1个<div class="question">标签中添加一个<label>标签，在其中输入"1.你是否阅读了学校发放的《规划手册》？"，并设置其class属性值为"til"，然后在该标签下方添加一个
标签。

步骤⑩ 添加第1道单选题的第1个选项。将鼠标指针置于
标签下方，单击"单选按钮"按钮，添加<input type="radio">标签，并设置其id属性值为"dan_a1"，name属性值为"dan_1"，然后在该标签下方添加一个<lable>标签，在其中输入"A：是，我仔细地阅读过"，并设置其for属性值为"dan_a1"。

步骤⑪ 使用同样的方法，参照图5-37添加"B：是，我粗略地阅读过"与"C：不，我没有阅读过"选项，制作第1道单选题。

```html
<div class="question">
    <label class="til">1.你是否阅读了学校发放的《规划手册》？</label>
    <br />
    <input id="dan_a1" type="radio" name="dan_1">
    <label for="dan_a1">A：是，我仔细地阅读过</label>
    <input id="dan_b1" type="radio" name="dan_1">
    <label for="dan_b1">B：是，我粗略地阅读过</label>
    <input id="dan_c1" type="radio" name="dan_1">
    <label for="dan_c1">C：不，我没有阅读过</label>
</div >
```

图5-37　第1道单选题的具体代码

步骤⑫ 添加第1道多选题题目。在第4个<div class="question">标签中添加一个<label>标签，在其中输入"1.你的职业规划指导来源于？"，并设置其class属性值为"til"，然后在该标签下方添加一个
标签。

步骤⑬ 添加第1道多选题的第1个选项。将鼠标指针置于
标签下方，单击"复选框"按钮，添加<input type="checkbox">标签，并设置其id属性值为"duo_a1"，name属性值为"duo_1"，然后在该标签下方添加一个<lable>标签，在其中输入"A：学校设置的相关课程"，并设置其for属性值为"duo_a1"。

步骤⑭ 使用同样的方法，参照图5-38添加"B：父母或老师""C：报纸、杂志或书籍""D：自行查阅资料"选项，制作第1道多选题。

```html
<div class="question">
    <label class="til">1.你的职业规划指导来源于？</label>
    <br />
    <input id="duo_a1" type="checkbox" name="duo_1" >
    <label for="duo_a1">A：学校设置的相关课程</label>
    <input id="duo_b1" type="checkbox" name="duo_1" >
    <label for="duo_b1">B：父母或老师</label>
    <input id="duo_c1" type="checkbox" name="duo_1" >
    <label for="duo_c1">C：报纸、杂志或书籍</label>
    <input id="duo_d1" type="checkbox" name="duo_1" >
    <label for="duo_d1">D：自行查阅资料</label>
</div>
```

图5-38　第1道多选题的具体代码

127

步骤15 参照图5-34或本书配套素材"项目五"/"任务二"/"surveyF.html"文件，使用同样的方法继续制作其余的单选题与多选题。

步骤16 添加功能按钮。将鼠标指针置于<div class="btns">标签中，然后分别单击"'提交'按钮"和"'重置'按钮"按钮，添加<input type="submit">标签与<input type="reset">标签，并分别设置两个标签的id属性值为"sub"与"res"，具体代码如图5-39所示。

```
<div class="btns">
    <input id="sub" type="submit" >
    <input id="res" type="reset" >
</div>
```

图5-39 功能按钮的具体代码

步骤17 打开"CSS设计器"面板，在"源"窗格中单击"添加CSS源"按钮➕，在展开的下拉列表中选择"在页面中定义"选项，然后在"@媒体："窗格中选择"全局"选项。

步骤18 参照以下代码在<style>标签中添加选择器及其样式。

```
/*设置表单域的宽度、边距、行高、边框、边框半径与背景颜色*/
form{width: 800px;margin: 0 auto;line-height:30px;
border:dashed 3px #8E9BC6;border-radius: 20px;
background-color:#EFF4FF;}
/*设置提示文本与表单控件的显示方式*/
label,input{display:inline-block;}
/*设置h1与h2标题的文本水平对齐方式*/
h1,h2{text-align: center;}
/*设置题目模块的左边距*/
.question{margin-left: 30px;}
/*设置按钮区域的宽度与边距*/
.btns{width: 250px;margin: 10px auto;}
/*设置按钮的显示方式、底部边距、宽度、高度、颜色、字体大小、字体粗细、
边框及边框半径*/
.btns input{display: inline-block;margin-bottom: 20px;
width: 60px;height: 30px;color:#55557F;font-size: 18px;
font-weight: bold;border:solid 2px #B5C5FC;
border-radius: 10px;}
```

```
/*设置重置按钮向右浮动*/
#res{float: right;}
/*设置个人信息区域的文本首行缩进*/
.self{text-indent: 3em;}
/*设置个人信息区域"*"文本的右边距与颜色*/
.self span{margin-right:60px ;color: #AA0000;}
/*设置题目文本的字体大小与字体粗细*/
.til{font-size: 1.2em;font-weight: bold;}
/*设置所有绑定表单控件的提示信息的字体粗细、颜色与边框半径*/
label[for]{font-weight: bold;color: #303F5E;
border-radius: 5px;}
/*隐藏单选按钮与复选框*/
input[type="radio"],input[type="checkbox"]{display: none;}
/*设置单选按钮与复选框提示信息的边框、填充、边距与背景颜色*/
input[type="radio"]+ label,input[type="checkbox"] + label{
border:solid 2px #8E9BC6;padding: 1px 5px;
margin: 5px 2px;background-color: #F7FFFE;}
/*设置选中单选按钮与复选框时提示信息的边框、背景颜色与颜色*/
input[type="radio"]:checked+ label,
input[type="checkbox"]:checked + label{
border:solid 2px #55557F;
background-color: #55557F;color: #F7FFFE;}
/*设置个人信息区域文本框的背景颜色与边框*/
input:required{background-color:#FEFFF4;
border:solid 2px #8E9BC6;}
```

步骤 19 保存文件，完成题目选择的页面效果如图5-34所示。

◎ 素养之窗

　　调查问卷与表单非常适配，因为它们的根本都在于简化信息的收集方式，提高获取信息的效率。我们在生活中也可以尝试用表单的思维方式来搜索、记录和处理信息，将复杂的问题分解成多个相对简单的部分，再逐一处理，让我们的工作和学习更加高效。

项目实训——制作"童趣服装店"全部商品页

1．实训目标

（1）练习在网页中添加表格的操作。

（2）练习美化表格的操作。

2．实训内容

使用Dreamweaver 2021制作"童趣服装店"全部商品页，页面效果如图5-40所示。

图5-40　"童趣服装店"全部商品页的页面效果

3．实训提示

（1）以本书配套素材"项目五"/"项目实训"/"TQshop"文件夹为基础创建同名站点。如已创建站点，可使用"TQshop"文件夹中的文件替换站点文件夹中的文件。

（2）打开"allpd.html"文件，在<main>→<section>→<div class="all_right fl_r">→<div class="sort-order flex">标签的下方添加一个2行4列的表格，参照图5-40与素材文件添加各单元格的内容。其中，每个单元格中均含有一个图像（商品展示图）、两个段落（商品名称与商品价格）及一个包含图像的超链接（抢购链接）。

（3）在"allpd.css"文件中设置样式。设置表格行的显示为块级标签（display:block）、顶部边距为20像素（margin-top:20px）。

（4）设置表格单元格的显示为行内块标签（display:inline-block）、右边距为26像素（margin-right:26px）。

（5）设置商品名称的字体大小为16像素（font-size:16px;）、字体粗细为字体加粗（font-weight: bold）、顶部边距为10像素（margin-top:10px）。

（6）设置商品价格的字体大小为30像素（font-size:30px）、字体粗细为字体加粗（font-weight:bold）、顶部边距为5像素（margin-top:5px）、颜色为黄色（color:#F9BF2B）。

（7）设置抢购链接的定位方法为相对定位（position:relative）、左边缘的位置为128像素（left:128px）、顶边缘的位置为-30像素（top:-30px）。

项目总结

完成本项目的学习与实践后，请总结应掌握的重点内容，并将图5-41中的空白处填写完整。

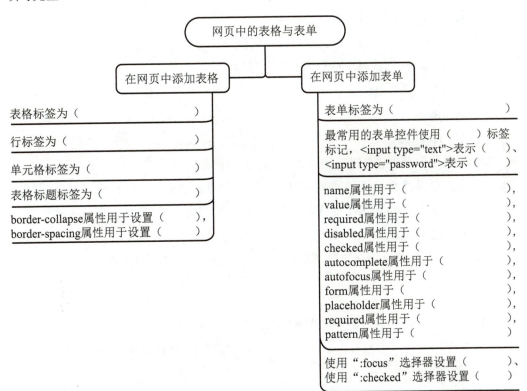

图5-41　项目总结

项目考核

1. 选择题

（1）下列标签中，用于标记表头单元格的是（　　）。

    A．\<ul\>　　　　　　　　　　　　B．\<th\>

    C．\<tr\>　　　　　　　　　　　　D．\<td\>

（2）下列关于表格的叙述中，不正确的是（　　）。

    A．表格标签中可以添加行标签与单元格标签

    B．一个\<tr\>标签表示一行，一个\<td\>标签表示一个普通单元格

    C．\<td\>标签必须包含在\<tr\>标签中

    D．\<caption\>标签只能放置在表格内容的最后

（3）下列关于表单的叙述中，不正确的是（　　）。

    A．表单一般包括表单域、表单控件与提示信息

    B．\<form\>标签用于标记表单域

    C．\<label\>标签用于标记表单控件的提示信息

    D．\<input\>标签用于标记所有表单控件

（4）下列表单控件的属性中，表示表单控件不可以为空的是（　　）。

    A．form　　　　　　　　　　　　B．placeholder

    C．required　　　　　　　　　　　D．pattern

（5）下列关于表单控件样式的叙述中，不正确的是（　　）。

    A．使用":focus"选择器可以设置获得焦点的表单控件的样式

    B．使用":checked"选择器可以设置选中的单选按钮或复选框的样式

    C．使用":disabled"选择器可以设置可用的表单控件的样式

    D．使用":required"选择器可以设置必填的表单控件的样式

2. 判断题

（1）使用"Table"对话框添加表格时可以设置表格的标题。（　　）

（2）想要绑定提示信息与表单控件，可以将它们的for属性设置为相同的值。

（　　）

（3）制作表单时，只可以设置表单控件的样式。（　　）

项目评价

请学生结合本项目的学习情况，对学习成果进行自评和互评（组内成员互相评分），请指导教师进行师评和总评，并将评价结果填入表5-1中。

表5-1 学习成果评价表

评价项目	评价内容	分值	评价得分		
			自评	互评	师评
知识（40%）	在网页中添加表格与表单的方法	10分			
	用于标记表格与表单的标签	10分			
	表格样式与表单样式的设置方法	20分			
能力（40%）	在网页中添加表格，并设置表格样式	20分			
	在网页中添加表单，并设置表单样式	20分			
素养（20%）	具有自主学习意识，做好课前准备	5分			
	文明礼貌，遵守课堂纪律	5分			
	互帮互助，具有团队精神	5分			
	认真负责，按时完成学习、实践任务	5分			
合计		100分			
总评	综合分数：_____ 综合等级：_____	指导教师签字：_____			

注：综合分数可按照"自评（25%）+互评（25%）+师评（50%）"进行计算；综合等级可以"优"（90分≤综合分数≤100分）、"良"（80分≤综合分数＜90分）、"中"（60分≤综合分数＜80分）、"差"（综合分数＜60分）为标准进行评价。

项目六

网页布局

项目导读

　　网页中的大多数元素都可以看成一个矩形的盒子，通过设置显示、边距、填充、浮动与定位等样式属性，可以调整元素的位置，从而构建不同的网页布局。本项目将介绍网页布局、经典网页布局与响应式布局的相关知识，以及使用 Dreamweaver 2021 对网页进行布局的方法。

学习目标

知识目标

▶ 熟悉盒子模型、元素的浮动与定位的基础知识。
▶ 熟悉网页布局的基础知识。
▶ 熟悉视口与媒体查询的基础知识。

技能目标

▶ 能够使用 Dreamweaver 2021 构建经典的网页布局。
▶ 能够使用 Dreamweaver 2021 构建响应式布局。

素质目标

▶ 在网页布局的过程中关注用户的需求和体验，培养以用户为中心的设计思维。
▶ 培养积极向上的心态。

任务一　掌握网页布局

任务描述

网页布局是网页设计与制作必不可少的一步，它决定了所有元素的位置。本任务首先介绍盒子模型、元素的浮动、元素的定位等基础知识，然后通过布局"在线学习网"主页，使学生练习使用Dreamweaver 2021对网页进行布局的操作。

任务准备

全班学生以3～5人为一组，各组选出小组长，小组长组织组内成员预习本任务的内容，讨论并回答以下问题。

问题1：网页中的元素有哪些显示形式？

问题2：设置元素的哪些样式能够改变元素的位置？

一、盒子模型

盒子模型是网页布局的基础，它规定了元素在页面中的显示方式和占据的空间，使用它便于控制元素在页面中的排列方式。一个标准的盒子模型由4个部分组成，分别为内容（content）、填充（padding）、边框（border）与边距（margin），盒子模型的基本结构如图6-1所示。

以生活中的盒子为例，内容是盒子中放置的物品，填充是防止物品磕碰所填充的泡沫、气泡膜等辅料，边框是盒子本身，边距是盒子与盒子之间的空隙。

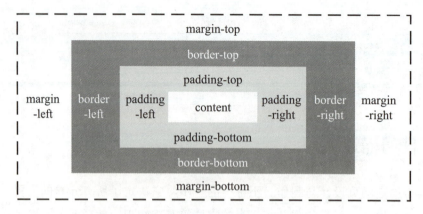

图6-1 盒子模型的基本结构

在Dreamweaver 2021中，可以使用"CSS设计器"面板中的"属性"窗格设置盒子模型的样式。其中，文本、边框、背景等样式的相关属性前面已经介绍过。下面主要介绍"属性"窗格"布局"设置区中用于设置盒子模型显示、边距、填充与溢出行为等样式的属性，如图6-2所示。

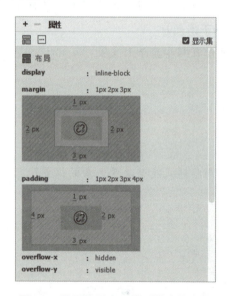

图6-2 用于设置盒子模型样式的属性

（1）display属性用于设置显示。常用的属性值有5个，inline表示以行内元素的形式显示，元素不会独占一行，可以与其他行内元素显示在同一行；block表示以块级元素的形式显示，元素独占一行，并且元素前后自动换行；inline-block表示以行内块元素的形式显示，多个块级元素可以显示在同一行；none表示不显示；flex表示将元素设置为弹性伸缩盒，其内部的块级元素默认自左至右排列，用于进行弹性布局。

（2）margin属性用于设置边距。属性值通常使用带有单位的数值或关键字auto（自动设置）表示。设置边距的方法有两种。

① 单击该属性右侧的"设置速记"区域，直接在编辑框中输入1~4个值。不同情况下，值的具体含义如下。

🔁 输入 1 个值时，该值表示所有边距。

🔁 输入 2 个值时，第 1 个值表示顶部边距与底部边距，第 2 个值表示左边距与右边距。

🔁 输入 3 个值时，第 1 个值表示顶部边距，第 2 个值表示左边距与右边距，第 3 个值表示底部边距。

🔁 输入 4 个值时，这 4 个值分别表示顶部边距、右边距、底部边距、左边距。

② 在该属性下方的矩形设置区中单击相应的边距，输入属性值。其中，margin-top 属性用于设置顶部边距；margin-right 属性用于设置右边距；margin-bottom 属性用于设置底部边距；margin-left 属性用于设置左边距。

（3）padding属性用于设置填充。属性值通常使用带有单位的数值或关键字auto（自动设置）表示。设置填充的方法与设置边距的方法类似。

（4）overflow-x 属性用于设置水平溢出行为。常用的属性值有4个，visible（默认值）表示不隐藏内容也不增加滚动条；hidden表示隐藏溢出部分的内容，不增加滚动条；scroll表示直接增加滚动条；auto表示在内容溢出时增加滚动条。

（5）overflow-y 属性用于设置垂直溢出行为。常用的属性值与overflow-x 属性值相同。

二、元素的浮动

在标准文档流中，元素默认按照从左至右、从上至下的顺序排列，如图6-3所示。要想调整元素的位置，就需要为元素设置浮动。

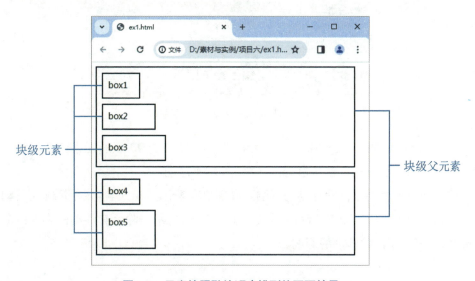

图6-3　元素按照默认顺序排列的页面效果

设置浮动后，浮动元素会脱离标准文档流的控制，移动到其父元素中的指定位置；浮动元素之前的兄弟元素不受影响，之后的兄弟元素会占据该元素原来的位置，出现位置偏移问题；浮动元素的父元素可能会出现高度塌陷问题。产生浮动影响后的页面效果如图6-4所示。

若想清除元素浮动带来的影响，可以为浮动元素之后的兄弟元素设置清除浮动；为浮动元素的父元素指定高度，或者在父元素内容的末尾添加一个清除所有浮动的空的<div>标签。清除浮动影响后的页面效果如图6-5所示。

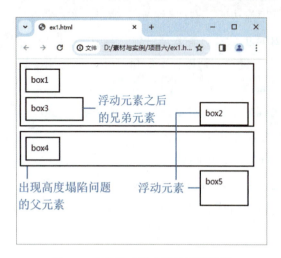

图6-4　产生浮动影响后的页面效果

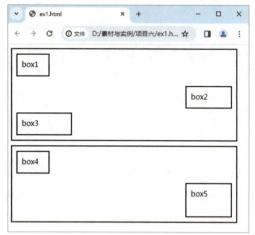

图6-5　清除浮动影响后的页面效果

在Dreamweaver 2021中，可以使用"CSS设计器"面板"属性"窗格"布局"设置区中的属性设置浮动和清除浮动的影响，如图6-6所示。

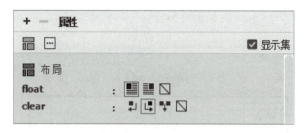

图6-6　设置浮动和清除浮动的影响

（1）float属性用于设置浮动。属性值有3个，left（▤）表示元素向左浮动；right（▤）表示元素向右浮动；默认值none（▢）表示不浮动。

（2）clear属性用于清除浮动的影响。属性值有4个，left（▤）表示清除左浮动的影响；right（▤）表示清除右浮动的影响；both（▤）表示清除所有浮动的影响；默认值none（▢）表示不清除浮动的影响。

三、元素的定位

元素的定位是指对元素的位置进行精确控制，从而实现不同的网页布局效果。

1. 定位方法

在CSS3中，常用的定位方法有4种，分别为静态定位、绝对定位、固定定位与相对定位。

（1）静态定位（static）是指元素不以设置的边缘位置而定位，而是保持其在标准文档流中的位置，如图6-3所示。

（2）绝对定位（absolute）是指元素以上一个设置了绝对定位、固定定位或相对定位的父元素的位置为基准，根据所设置的边缘位置进行定位。若所有父元素都未设置定位，则以浏览器窗口为基准定位。

为元素设置绝对定位后，网页中不会保留该元素在标准文档流中的位置。设置了绝对定位的元素在页面中的效果如图6-7所示。

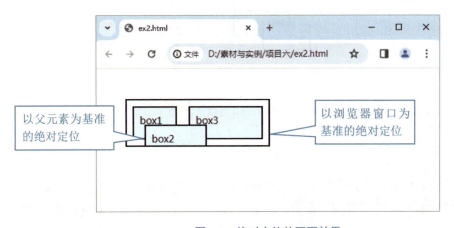

图6-7　绝对定位的页面效果

小贴士

如果只设置定位方法为绝对定位，但不设置边缘的位置，元素的位置不变。但因元素脱离标准文档流，所以可能与后续上移的元素重叠。

（3）固定定位（fixed）是绝对定位的特殊情况，它直接以浏览器窗口为基准进行定位。为元素设置固定定位后，该元素脱离标准文档流，根据边缘的位置始终显示在浏览器窗口的固定位置，不随浏览器窗口大小变化或滚动条移动而改变。

设置了固定定位的元素常用于制作"返回顶部"按钮等，其在页面中的效果如图6-8所示。

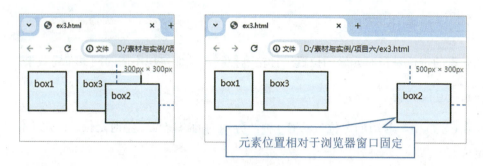

图6-8　固定定位的页面效果

（4）相对定位（relative）是指元素以其在标准文档流中的原位置为基准，根据所设置的边缘位置进行定位，并且保留它在标准文档流中的位置。设置了相对定位的元素在页面中的效果如图6-9所示。

图6-9　相对定位的页面效果

2. 设置定位

设置元素的定位包括设置定位方法与边缘的位置。在Dreamweaver 2021中，可以使用"CSS设计器"面板"属性"窗格"布局"设置区中的属性设置定位方法与边缘位置，如图6-10所示。

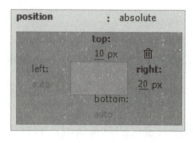

图6-10　设置定位方法与边缘位置

（1）position属性用于设置定位方法。属性值有4个，static（默认值）表示静态定位；absolute表示绝对定位；fixed表示固定定位；relative表示相对定位。

（2）top属性用于设置顶边缘的位置；right属性用于设置右边缘的位置；bottom属性用于设置底边缘的位置；left属性用于设置左边缘的位置。它们的属性值通常使用带有单位的数值或百分比表示。

在设置边缘位置时，垂直方向或水平方向都只需要设置一个属性的值。因为在为元素设置了某个方向上的一个边缘位置后，该方向上的另一个边缘位置会自动确定。

3．设置堆积顺序

对元素进行定位时，可能会出现元素重叠的情况。若想调整定位元素的重叠顺序，可以设置元素的堆积顺序，如图6-11所示。

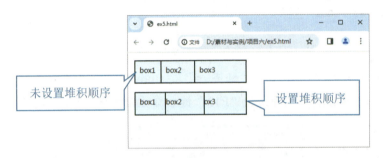

图6-11　设置元素堆积顺序前后的页面效果

在Dreamweaver 2021中，可以使用"CSS设计器"面板"属性"窗格"布局"设置区中的属性设置堆积顺序，如图6-12所示。

z-index　：　auto

图6-12　设置堆积顺序

z-index属性用于设置堆积顺序，其属性值可以为负数、正数和0（默认值）。属性值越大，元素显示在越靠上的层级；属性值相同时，以标准文档流为基准显示，默认情况下，标准文档流中越靠后的元素显示在越靠上的层级。

小贴士

（1）z-index属性只能用于设置定位元素的堆积顺序。

（2）父元素与子元素样式中的z-index属性值无法进行比较，要想将子元素显示在父元素的下层，可在保持父元素为默认设置的情况下，将子元素样式中的z-index属性值设置为负数。

任务实施——布局"在线学习网"主页

本任务实施将布局"在线学习网"主页，页面效果如图6-13所示。

图6-13 "在线学习网"主页布局后的页面效果

步骤1 以本书配套素材"项目六"/"任务一"/"studyOL"文件夹为基础创建同名站点，然后打开"index.html"文件，按"F12"键查看页面效果，如图6-14所示。

布局"在线学习网"主页

图6-14 "在线学习网"主页布局前的页面效果

步骤2 打开"CSS设计器"面板，在"源"窗格中选择"index.css"选项，在"@媒体："窗格中选择"全局"选项。

步骤3 设置公共类的样式。添加".inner"选择器，在width属性右侧双击并输入"1413px"，在margin属性右侧单击并输入"0px auto"，使模块在页面中居中显示，如图6-15所示。

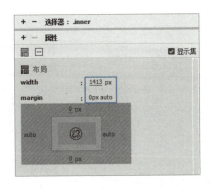

图6-15 设置公共类的样式

步骤 4 参照步骤3布局页眉容器。添加".header-inner"选择器，设置高度为80像素，顶部边距、底部边距为0像素，左边距、右边距为自动设置，使页眉容器在页面中居中显示。

步骤 5 设置页眉中两个模块容器的浮动。找到".header-left"选择器，在float属性右侧单击"Left"按钮▤，设置元素向左浮动；找到".header-right"选择器，在float属性右侧单击"Right"按钮▤，设置元素向右浮动，如图6-16所示。

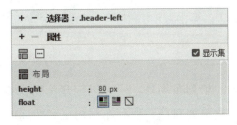

图6-16 设置页眉中两个模块容器的浮动

步骤 6 设置搜索栏容器的样式。找到".search"选择器，在position属性右侧单击，在展开的下拉列表中选择"relative"选项，设置定位方法为相对定位，如图6-17所示。

步骤 7 设置搜索栏按钮的样式。找到".search-btn"选择器，参照步骤6设置position属性值为"absolute"，在下方的矩形设置区双击顶边缘的位置并输入"0px"，双击右边缘的位置并输入"0px"，设置定位方法为绝对定位，顶边缘的位置与右边缘的位置为0像素，如图6-18所示。

步骤 8 参照步骤5布局页面中心区域。添加".module-left"选择器，设置元素向左浮动；添加".module-right"选择器，设置元素向右浮动；添加".module-content>div"选择器，设置元素向左浮动；找到".recommend-right li"选择器，设置元素向左浮动。

图6-17　设置搜索栏容器的样式

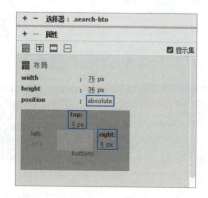

图6-18　设置搜索栏按钮的样式

步骤 9 保存文件，页面效果如图6-13所示。

任务二　构建经典网页布局

任务描述

　　在实际的网页制作中，除了可以构建简单的单列布局外，还可以构建美观、实用的双列布局、三列布局等。本任务首先介绍构建单列布局、双列布局与三列布局的方法，然后通过布局"科技学院"主页，使学生继续练习使用Dreamweaver 2021对网页进行布局的操作。

任务准备

　　全班学生以3～5人为一组，各组选出小组长，小组长组织组内成员扫码观看视频"常见的网页布局"，讨论并回答以下问题。

　　问题1：常见的网页布局有哪些？

　　问题2：任选一种网页布局，列举符合该布局的网页。

常见的网页布局

一、单列布局与双列布局

小型企业宣传网站一般使用简单的单列布局，构建这种布局只需要按照标准文档流的顺序添加容器标签，并为主体部分设置居中显示的效果即可。

双列布局一般是指带有左侧或右侧侧边栏的布局。这种布局可以通过设置元素浮动实现（使主体部分与侧边栏一个向左浮动一个向右浮动），也可以通过设置元素定位实现。

【例6-1】 通过设置元素定位构建双列布局，页面效果如图6-19所示。

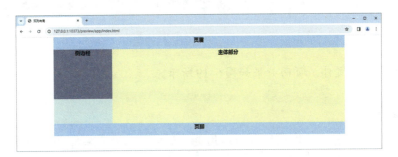

图6-19　设置元素定位构建的双列布局

步骤❶ 启动Dreamweaver 2021，将本书配套素材"项目六"/"biserial.html"文件拖动至文档窗口，将其打开，然后按"F12"键查看页面效果，如图6-20所示。

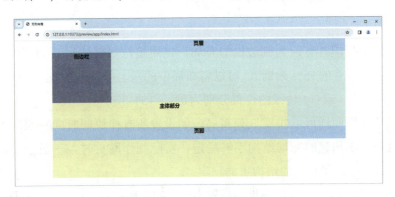

图6-20　布局前的页面效果

步骤❷ 打开"CSS设计器"面板，在"源"窗格中选择"<style>"选项，在"@媒体："窗格中选择"全局"选项。

步骤❸ 设置页面中心区域的定位。找到"main"选择器，设置定位方法为相对定位，如图6-21所示。

步骤❹ 设置侧边栏的定位。找到"aside"选择器，设置定位方法为绝对定位，顶边缘的位置与左边缘的位置为0像素，如图6-22所示。

步骤❺ 设置主体部分的定位。找到"div"选择器，设置定位方法为绝对定位，顶边缘的位置与右边缘的位置为0像素，如图6-23所示。

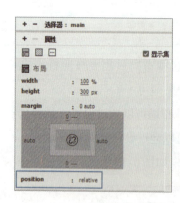 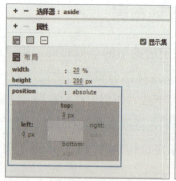 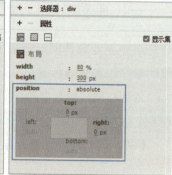

图6-21　设置页面中心区域的定位　　图6-22　设置侧边栏的定位　　图6-23　设置主体部分的定位

步骤 6 保存文件，页面效果如图6-19所示。

小 贴 士

　　通过设置元素定位构建的布局结构更加稳定，但是在实际构建布局时，必须为页面的中心区域设置高度，否则中心区域的背景属性及其下方的页面元素（如页脚）将无法显示。

二、三列布局

　　三列布局是指同时有两列侧边栏的布局。使用定位属性实现三列布局（以两列侧边栏宽度各占父元素的15%为例），可以将布局中的左、中、右3个模块的定位方法设置为绝对定位，左（或右）边缘的位置分别为0%、15%和85%。

　　使用浮动属性同样可以实现三列布局，如设置所有模块同时向左或向右浮动。但是，使用这种方法构建的布局结构不够稳定。实际制作网页时，一般会在设置元素浮动的同时设置边距，使布局的结构更加稳定。

　　【例6-2】　使用浮动与边距属性构建较为稳定的三列布局，页面效果如图6-24所示。

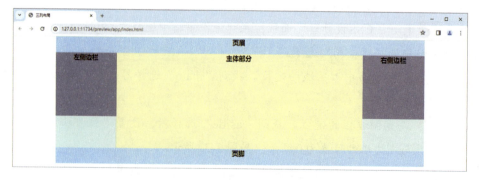

图6-24　使用浮动与边距属性构建的三列布局

步骤 **1** 启动Dreamweaver 2021，将本书配套素材"项目六"/"multicolumn.html"文件拖动至文档窗口，将其打开，然后按"F12"键查看页面效果，如图6-25所示。

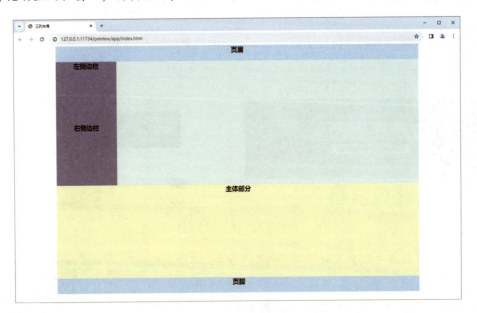

图6-25 布局前的页面效果

步骤 **2** 打开"CSS设计器"面板，在"源"窗格中选择"<style>"选项，在"@媒体："窗格中选择"全局"选项。

步骤 **3** 设置主体部分的边距。找到"div"选择器，设置顶部边距、底部边距为0像素，左边距、右边距为200像素，如图6-26所示。

步骤 **4** 设置侧边栏的浮动。找到".left"选择器，设置元素向左浮动；找到".right"选择器，设置元素向右浮动，如图6-27所示。

图6-26 设置主体部分的边距

图6-27 设置侧边栏的浮动

步骤 **5** 保存文件，页面效果如图6-24所示。

任务实施——布局"科技学院"主页

本任务实施将布局"科技学院"主页，页面效果如图6-28所示。

图6-28 "科技学院"主页布局后的页面效果

步骤 1 以本书配套素材"项目六"/"任务二"/"college"文件夹为基础创建同名站点。如已创建站点，可使用"college"文件夹中的文件替换站点文件夹中的文件。

步骤 2 打开"index.html"文件，按"F12"键查看页面效果，如图6-29所示。

布局"科技学院"主页

图6-29 "科技学院"主页布局前的页面效果

步骤 3 打开"CSS设计器"面板，在"源"窗格中选择"index.css"选项，在"@媒体："窗格中选择"全局"选项。

步骤 4 设置模块容器的样式。找到"section"选择器，设置左边距、右边距为自动设置，使模块容器在页面中居中对齐，如图6-30所示。

步骤 5 设置左浮动与右浮动公共类的样式。添加".fl_l"选择器，设置元素向左浮动；添加".fl_r"选择器，设置元素向右浮动，如图6-31所示。

图6-30 设置模块容器的样式

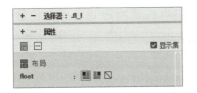

图6-31　设置左浮动与右浮动公共类的样式

步骤6　为模块容器标签添加浮动公共类。找到<main> → <section class="sheet_1"> → <div class="xyfc">标签，为该标签添加class属性值"fl_l"；为<div class="xyfc">标签下方的<div class="tzgg">标签添加class属性值"fl_r"，如图6-32所示。

```
<div class="xyfc fl_l">
    <div class="sh1_top"> <img...
    <div class="box_v1"> <vide...
</div>
<div class="tzgg fl_r">
    <div class="sh1_top"> <img...
    <div class="box_p1"> <div ...
</div>
```

图6-32　为模块容器标签添加浮动公共类

小贴士

　　在实际开发中，通常会将某些常用的样式设置为公共样式类，然后再为元素添加class属性值以应用样式。使用这种方式设置样式能够使各类样式相互分离、相互独立，便于后期的维护与修改。本任务实施中其余需要布局的模块容器均已设置class属性值为".fl_l"或".fl_r"。

步骤7　保存文件，页面效果如图6-28所示。

任务三　构建响应式布局

任务描述

　　随着智能手机的普及与移动互联网的发展，在移动端访问互联网的人越来越多。因此，在制作网页时需要考虑网页布局在移动端的适配问题。制作响应式布局可以使网页适配于不同的设备，解决网页布局适配问题。本任务首先介绍视口、媒体查

询等基础知识，然后通过为"在线学习网"主页构建响应式布局，使学生练习使用
Dreamweaver 2021为网页构建响应式布局的操作。

🌐 任务准备

全班学生以3～5人为一组，各组选出小组长，小组长组织组内成员扫码观看
视频"移动端的网页"，讨论并回答以下问题。

问题1：移动端的网页与PC端的网页有何不同？

移动端的网页

问题2：如何设计网页使其适配于移动端？

一、视口

在网站开发中，视口通常是指用户可见的网页内容区域，这个区域的大小和形状
因设备而异。在PC端（个人电脑端），视口较大，视口宽度与浏览器窗口宽度一致，通
常在800像素以上；在移动端，视口较小，视口的宽度受到设备屏幕的影响，一般为
300像素左右。如果以浏览器窗口的宽度作为网页布局的基准，大部分网页都无法在移
动端正常显示。

👤 小贴士

此处提到的移动端屏幕宽度为300像素左右，指的是逻辑像素，也就是设置
样式时常用的单位。生活中常说的屏幕像素是指物理像素，也就是分辨率。

1. 视口的相关概念

为使网页适配移动端，网页制作引入了布局视口（layout viewport）、视觉视口
（visual viewport）与理想视口（ideal viewport）的概念。（本节中各示意图皆以央视网
2022年北京冬奥会页面为例）

（1）布局视口。当PC端网页与移动端网页共用一套样式代码时，为了能够在移动

端正常浏览PC端网页，移动设备的浏览器都默认设置了一个虚拟的布局视口，一般为980像素。这样PC端的网页基本都能在移动端上呈现，只是网页的内容会自动缩小，需要手动放大网页查看局部效果，如图6-33所示。

图6-33 使用默认布局视口的移动端页面效果

（2）视觉视口。视觉视口是用户在屏幕上所能看到的网页区域。当用户放大网页时，屏幕上能看到的网页区域变小，也就相当于视觉视口变小。同理，当用户缩小网页时，屏幕上能看到的网页区域变大，也就相当于视觉视口变大。

（3）理想视口。理想视口是指对设备而言最理想的视口尺寸。理想视口的宽度与屏幕宽度一致。设置理想视口时，可以将网页布局视口的宽度设置为移动设备的屏幕宽度。在理想视口下，用户不用缩放就能看到网页的最佳显示效果，如图6-34所示。

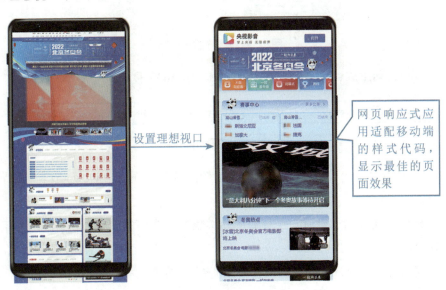

网页响应式应用适配移动端的样式代码，显示最佳的页面效果

图6-34 设置理想视口后的移动端页面效果

2022年2月4日至2月20日，北京冬奥会成功举办。在冬奥会期间，来自不同地区的广大年轻志愿者们贡献了自己的青春力量。他们认真参加培训，全心全意地为赛事服务，向国际友人传递着友谊与理解，增进了各国人民之间的情感联结。我们需要向他们学习，积极参与社会活动，向身边的人传递温暖。

2. 设置布局视口

设置布局视口一般是指将布局视口设置为理想视口，使网页以最佳的效果显示在移动端。设置布局视口需要使用<meta>标签，且需要将该标签放置在<head>标签中。

使用 Dreamweaver 2021 设置布局视口时，可利用"插入"面板添加<meta>标签。具体操作方法是，首先将鼠标指针置于<head>标签中，在"插入"面板中单击"META"按钮，打开"META"对话框；然后在"属性"下拉列表中选择"名称"选项，在"值"编辑框中输入"viewport"，在"内容"编辑框中输入布局视口的属性，如"width=device-width, initial-scale=1.0"；最后单击"确定"按钮，如图6-35所示。

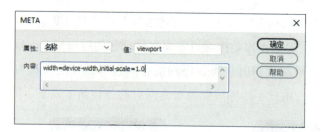

图6-35　设置布局视口

文档窗口自动生成<meta>标签的代码，如图6-36所示。

```
<meta name="viewport" content="width=device-width,initial-scale=1.0">
```

图6-36　布局视口的代码

（1）name属性用于设置<meta>标签所设置的信息，属性值viewport表示设置布局视口。

（2）content属性用于设置布局视口的相关属性。常用的属性有4个，width用于设置布局视口的宽度，属性值device-width表示布局视口宽度等于当前设备屏幕宽度（设置为理想视口）；user-scalable用于设置页面能否手动缩放，默认属性值yes表示可以手动缩放，属性值no表示不可以手动缩放；initial-scale用于设置屏幕宽度与视口宽度之间的缩放比例，属性值通常设置为1，表示原大小；viewport-fit用于设置布局视口适配"刘海屏"手机，属性值cover表示将页面内容填充至顶部。

二、媒体查询

媒体查询可以根据设备的特性（如屏幕宽度、高度、横屏或竖屏等）为不同的媒体类型或设备设置不同的样式，从而实现响应式布局。

使用 Dreamweaver 2021 可以直接添加媒体查询。具体操作方法是，首先打开"CSS设计器"面板，在"@媒体："窗格中单击"添加媒体查询"按钮✚，打开"定义媒体查询"对话框；然后在"条件"设置区左侧的下拉列表中选择媒体查询的条件属性（如"max-width"），并在其右侧的编辑框中输入数值（如"768"），"代码"区域自动显示媒体查询的代码；最后单击"确定"按钮，如图6-37所示。

图6-37　添加媒体查询

@media用于设置媒体查询。max-width是媒体查询的条件属性，表示显示区域（如浏览器窗口）的最大宽度。其他常用的条件属性有min-width，表示显示区域的最小宽度。如果想要同时设置多个条件，可以在"条件"设置区单击"添加条件"按钮✚。

添加媒体查询后，在"@媒体："窗格中选择相应的媒体查询选项，并添加选择器及定义样式，即可使页面在满足该媒体查询的条件时响应式地应用这些样式。

🔧 任务实施——为"在线学习网"主页构建响应式布局

本任务实施将为"在线学习网"主页构建响应式布局，页面效果如图6-38所示。

步骤 ① 以本书配套素材"项目六"/"任务三"/"studyOL"文件夹为基础创建同名站点。如已创建站点，可使用"studyOL"文件夹中的文件替换站点文件夹中的文件。

为"在线学习网"主页
构建响应式布局

步骤 2 打开"index.html"文件,按"F12"键查看页面效果。

步骤 3 再次按"F12"键,打开浏览器的开发者工具窗格,单击窗格左上角的移动端显示按钮 ,然后在页面显示区上方设置显示的宽度与高度分别为375像素与812像素,查看页面在移动端的显示效果,如图6-39所示。

图6-38 "在线学习网"主页在移动端的页面效果

图6-39 "在线学习网"主页在移动端的初始页面效果

步骤 4 设置布局视口。将鼠标指针置于<head>标签中,在"插入"面板中单击"META"按钮,打开"META"对话框,然后在"属性"下拉列表中选择"名称"选项,在"值"编辑框中输入"viewport",在"内容"编辑框中输入"width=device-width,initial-scale=1.0",最后单击"确定"按钮。

步骤 5 打开"CSS设计器"面板,在"源"窗格中选择"index.css"选项。

步骤 6 添加媒体查询(min-width:2000px)。在"@媒体:"窗格中单击"添加媒体查询"按钮 ,打开"定义媒体查询"对话框,然后在"条件"设置区左侧的下拉列表中选择"min-width"选项,在其右侧的编辑框中输入"2000",最后单击"确定"按钮,如图6-40所示。

定义媒体查询	×

请在下面定义您希望使用的媒体查询：

条件

min-width ∨	2000	px ∨

代码

```
@media (min-width:2000px){
}
```

帮助　　取消　　确定

图6-40　添加媒体查询(min-width:2000px)

步骤 7 为媒体查询(min-width:2000px)设置样式。在"@媒体："窗格中选择"(min-width:2000px)"选项，然后添加".banner"选择器，设置Banner模块的高度与最小高度（min-height）为500像素，如图6-41所示。

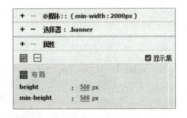

图6-41　为媒体查询(min-width:2000px)设置样式

步骤 8 参照步骤7及以下代码，添加媒体查询(max-width:768px)并设置样式（也可以直接在"index.css"文件中输入以下代码）。

```
/*设置设备显示区域宽度小于等于768像素时的样式*/
@media (max-width:768px){
    .header-inner{height:auto;}
    .inner{width:94%;}
    .header-inner{width:94%;}
    .header-left{height:50px;width:100%;}
    .logo-box{display:none;}
    .menu-icon{display:block;margin-top:15px;}
```

```
.module-right{display:none;}
.header-right{width:100%;height:50px;}
.header-right>ul{float:right;display:none;}
.search{width: 100%;margin:10px 0px 0px;}
.search-btn,.search-input{height:30px;line-height:30px;}
.nav-list{height:50px;overflow:hidden;}
.nav-list li{line-height:50px;margin:0px 30px 0px 0px;}
.banner,.module1-title{display:none;}
.banner{width:94%;min-width:300px;min-height:200px;
margin:0px auto;border-radius:8px;overflow:hidden;}
.banner a img{min-height:200px;}
.main{margin:0px auto 20px;}
.video-module>div,.module-content>div{float:none;}
.recommend-content,.recommend-right,.recommend-right ul{
width:100%;}
.recommend-right li{width:48%;margin:0px 4% 10px 0px;}
.recommend-left{margin-bottom:20px;}
.recommend-right li:nth-child(2n){margin-right:0px;}
.img-box{height:auto;}
.main-recommend .txt-box{height:auto;}
.txt-box h3{padding-top:0px;}
.recommend-right .txt-box p{display:block;font-size:12px;
line-height:18px;color:#999999;}
.main-recommend .txt-box h3{font-size:16px;}
.rank-list{width:100%;height:auto;}
.rank-list li{padding:2px 20px;}
.links-box{display:none;}
.footer{border-top:1px solid #F5F5F5;}}
```

步骤 ⑨ 保存文件，页面效果如图6-38所示。

项目实训——布局"童趣服装店"主页

1. 实训目标

（1）熟悉盒子模型的应用。

（2）练习布局网页的操作。

2. 实训内容

使用 Dreamweaver 2021 布局"童趣服装店"主页，页面效果如图6-42所示。

图6-42 "童趣服装店"主页的页面效果

3. 实训提示

（1）以本书配套素材"项目六"/"项目实训"/"TQshop"文件夹为基础创建同名站点。如已创建站点，可使用"TQshop"文件夹中的文件替换站点文件夹中的文件。

（2）在"index.css"文件中设置样式，设置页面主体部分（<section>标签）的宽度为1200像素，且在页面中居中显示。

（3）设置左浮动与右浮动公共类的样式。添加".fl_l"选择器，设置元素向左浮动；添加".fl_r"选择器，设置元素向右浮动。

项目总结

完成本项目的学习与实践后，请总结应掌握的重点内容，并将图6-43中的空白处填写完整。

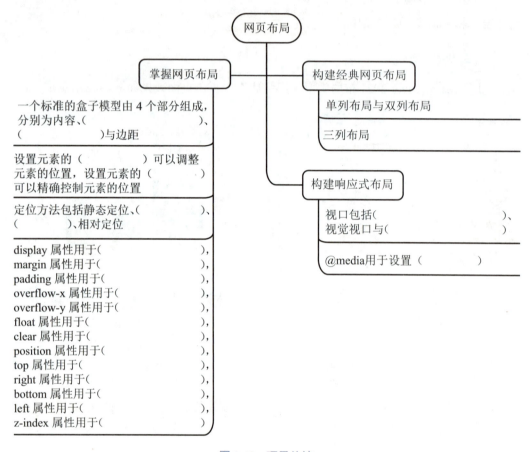

图6-43　项目总结

项目考核

1. 选择题

（1）下列属性中，用于设置盒子模型边距的是（　　　）。

  A．display   B．border

  C．padding   D．margin

（2）下列代码中，表示清除左浮动影响的是（　　　）。

  A．float:left   B．clear:left

  C．float:none   D．clear:none

（3）下列定位方法的属性值中，表示相对定位的是（　　　）。

  A．static   B．relative

  C．absolute   D．fixed

（4）下列属性中，用于设置布局视口缩放比例的是（　　　）。

  A．width   B．user-scalable

  C．initial-scale   D．viewport-fit

（5）下列代码中，表示设置媒体查询的是（　　　）。

  A．@media(min-width:20px)

  B．<media min-width:20px></ media>

  C．< @media(min-width:20px)>

  D．<media min-width:20px>

2. 判断题

（1）元素的浮动与清除浮动影响必须同时设置。   （　　）

（2）定位属性无法构建多列布局。   （　　）

（3）媒体查询可以根据设备的特性为不同的媒体类型或设备设置不同的样式。

                      （　　）

项目评价

　　请学生结合本项目的学习情况，对学习成果进行自评和互评（组内成员互相评分），请指导教师进行师评和总评，并将评价结果填入表6-1中。

表6-1　学习成果评价表

评价项目	评价内容	分值	评价得分		
			自评	互评	师评
知识 （30%）	盒子模型的基础知识	10分			
	元素的浮动与定位	10分			
	视口与媒体查询的基础知识	10分			
能力 （50%）	构建经典的网页布局	30分			
	构建响应式布局	20分			
素养 （20%）	具有自主学习意识，做好课前准备	5分			
	文明礼貌，遵守课堂纪律	5分			
	互帮互助，具有团队精神	5分			
	认真负责，按时完成学习、实践任务	5分			
合计		100分			
综合分数	综合分数：_____		指导教师签字：_____		
	综合等级：_____				

　　注：综合分数可按照"自评（25%）+互评（25%）+师评（50%）"进行计算；综合等级可以"优"（90分≤综合分数≤100分）、"良"（80分≤综合分数＜90分）、"中"（60分≤综合分数＜80分）、"差"（综合分数＜60分）为标准进行评价。

项目七

行为、模板与库

项目导读

　　在网页中添加行为能够增强网页的交互性，使网页的效果更加完善。在网页制作完成后利用Dreamweaver 2021提供的模板与库功能，能够快速制作多个类似网页，避免进行大量的重复操作，提高网站制作与维护的效率。本项目将介绍行为、模板与库的相关知识，以及在网页中添加行为和使用模板与库制作网页的方法。

学习目标

知识目标

⇒ 熟悉在网页中添加行为的方法。
⇒ 熟悉使用模板与库制作网页的方法。

技能目标

⇒ 能够使用Dreamweaver 2021在网页中添加行为。
⇒ 能够使用Dreamweaver 2021提供的模板与库功能制作网页。

素质目标

⇒ 总结知识点中的生活智慧，应用到工作和学习中。

任务一 在网页中添加行为

任务描述

在网页中添加行为不仅可以实现用户与网页间的动态交互，还可以提升用户浏览网页的体验感。本任务首先介绍在网页中添加行为的方法，然后介绍JavaScript基础知识，最后通过制作"科技学院"主页的提示公告，使学生练习使用Dreamweaver 2021在网页中添加行为的操作。

任务准备

全班学生以3～5人为一组，各组选出小组长，小组长组织组内成员扫码观看视频"JavaScript概述"，讨论并回答以下问题。

问题1：JavaScript与HTML5和CSS3有何不同？

JavaScript概述

问题2：JavaScript的特点有哪些？

一、行为、事件与动作

制作网页时，可以为网页中的元素（如图像、超链接等）添加行为，以增强网页的交互性。行为是Dreamweaver 2021内置的JavaScript程序库，由事件和动作组成。

事件是触发交互效果的特定操作，如鼠标指针移到网页元素上、单击网页元素等。

动作是一段预先编写好的JavaScript代码，用于完成具体的交互效果，如打开浏览器窗口、交换图像、弹出信息、恢复交换图像等。

行为就是当某个事件被触发时浏览器执行相应的动作。例如，为某个图像设置交换图像行为，并指定事件为onMouseOver（鼠标指针移动到某元素时触发），那么只要访问者在浏览器中将鼠标指针移动到该图像上面，浏览器就会执行交换图像的动作，将原图像切换为另一张图像。

二、添加行为

使用Dreamweaver 2021的"行为"面板可以可视化地添加行为，具体操作方法如下。

（1）打开"行为"面板。在Dreamweaver 2021中选择"窗口"/"行为"选项，打开"行为"面板，如图7-1所示。

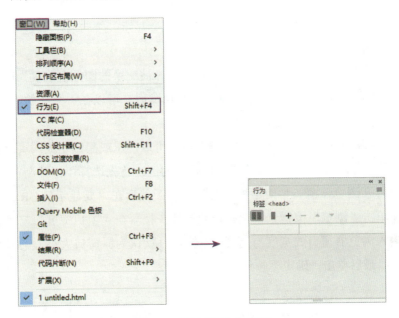

图7-1 打开"行为"面板

（2）添加行为。确定添加行为的位置（以某个图像元素为例），单击"添加行为"按钮➕，在展开的下拉列表中选择行为选项，如图7-2所示。

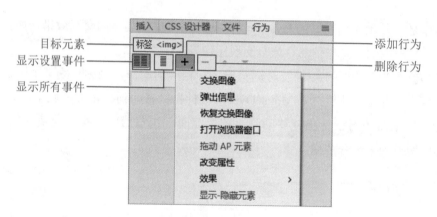

目标元素

显示设置事件

显示所有事件

添加行为

删除行为

交换图像
弹出信息
恢复交换图像
打开浏览器窗口
拖动 AP 元素
改变属性
效果
显示-隐藏元素

图7-2　选择行为选项

常用的行为有交换图像、弹出信息、恢复交换图像、打开浏览器窗口、显示-隐藏元素等。

①交换图像。交换图像动作触发后，原图像会变成另一张图像。

②弹出信息。弹出信息动作触发后，页面中会显示一个带有"确定"按钮的信息对话框，显示指定的信息。

③恢复交换图像。恢复交换图像动作触发后，被交换的图像会恢复为原图像。

④打开浏览器窗口。打开浏览器窗口动作触发后，可以在一个新的窗口中打开设置好的链接，同时也可以设置新窗口的大小等属性。

⑤显示-隐藏元素。显示/隐藏动作触发后，可以显示或隐藏相关网页元素。

（3）设置行为。以设置打开浏览器窗口行为为例，首先选择"打开浏览器窗口"选项，打开"打开浏览器窗口"对话框（见图7-3）；然后在"要显示的URL"编辑框中输入地址或单击"浏览"按钮直接选择资源文件；接着在"窗口宽度"与"窗口高度"编辑框中输入浏览器窗口的宽度与高度（不输入时默认为原窗口大小），并勾选需要的属性复选框；最后单击"确定"按钮。

图7-3　"打开浏览器窗口"对话框

此时，"行为"面板中新增一个行为，左侧表示事件，右侧表示动作，如图7-4所示。同时，网页代码也会自动更新，如图7-5所示。

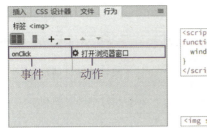

```
<script type="text/javascript">
function MM_openBrWindow(theURL,winName,features) { //v2.0
    window.open(theURL,winName,features);
}
</script>
```

```
<img src="img/p1.png" alt="" onClick="MM_openBrWindow('ex1.html','','')" />
```

图 7-4　添加行为后的"行为"面板　　　　　　　图 7-5　打开浏览器窗口行为的代码

其中，onClick是为图像元素添加的打开浏览器窗口行为中默认的事件（为不同元素添加的不同行为中默认的事件可能不同）。如果想要重新设置事件，可单击事件下拉按钮，在展开的下拉列表中选择其他事件选项，如图7-6所示。

图 7-6　"事件"下拉列表

常用事件及其说明如表 7-1 所示。带有"<A>"的事件是指将JavaScript代码封装到超链接中，部分元素无法设置此类事件。

表 7-1　常用事件及其说明

事件	说明	事件	说明
onBlur	某元素失去焦点时触发	onKeyUp	键盘上被按下的按键弹起时触发
onClick	鼠标单击某元素时触发	onLoad	浏览器加载网页时触发

事件	说明	事件	说明
onDblClick	鼠标双击某元素时触发	onMouseDown	按下鼠标按键时触发
onError	出现错误时触发	onMouseMove	鼠标指针移动时触发
onFocus	某元素获得焦点时触发	onMouseOut	鼠标指针离开某元素时触发
onKeyDown	键盘上某个按键被按下时触发	onMouseOver	鼠标指针移动到某元素时触发
onKeyPress	键盘上某个按键被按下并释放时触发	onMouseUp	松开鼠标按键时触发

三、JavaScript基础知识

JavaScript是一种可以嵌入网页文件中的编程语言，使用它能够实现网页的交互功能与特殊效果。例如，当用户在网页中输入手机号码和验证码时，浏览器可以通过JavaScript代码对输入的内容进行校验，如果不符合信息格式，可以提示用户，避免直接将错误信息提交至服务器。这样不仅为用户节省了时间，提供了良好的体验感，还减轻了服务器的压力。

1. JavaScript语言基础

（1）数据类型。

JavaScript中最基本的数据类型有数值型、字符串型、布尔型、空值、未定义值。

① 数值型（number）。JavaScript中的数字都属于数值型数据。数值型数据可以是小数，也可以是整数。

② 字符串型（string）。字符串即包裹在英文的双引号或单引号之中的字符（包括字母、数字、标点符号等）。例如，"JavaScript语言基础"与'qwer1234'都是字符串型数据。

③ 布尔型（boolean）。布尔型数据只有true与false两个值，它们对应的数值型数据分别为1与0。布尔型数据常用于JavaScript的控制结构。

④ 空值（null）。空值是一个特殊的值，用于定义空的或不存在的引用。例如，当引用一个没有定义的变量时，返回一个空值。

⑤ 未定义值（undefined）。未定义值表示一个变量在定义后还未赋值或赋予了一个不存在的值。

（2）变量。

JavaScript中的变量是一个临时存储数据的容器。在JavaScript中，使用var关键字声明变量，具体语法格式如下。

```
var 变量名;                                    //声明一个变量
```

当声明多个变量时，变量名之间用英文逗号隔开，如"var a,b,c;"。

声明变量之后，还需要给变量赋值，否则该变量的值默认为undefined。在JavaScript中，使用等号（=）为变量赋值。

需要注意的是，在JavaScript中，无论是变量名还是语句都需要区分字母大小写。

（3）运算符。

运算符是用于操作数据的符号。JavaScript中的运算符按照操作数据的个数来划分，可分为一元运算符、二元运算符、三元运算符；按照功能来划分，可分为算术运算符、比较运算符、逻辑运算符、赋值运算符、条件运算符等。

① 算术运算符。算术运算符主要用于数值之间的计算，其功能和数学中的运算类似。常见的算术运算符有+（加）、-（减）、*（乘）、/（除）等。

② 比较运算符。比较运算符用于比较两个值，通常返回一个布尔型数据（true或false）来表示比较结果。常见的比较运算符有>（大于）、<（小于）、>=（大于或等于）、<=（小于或等于）、==（等于）等。

③ 逻辑运算符。逻辑运算符用于确定变量或值之间的逻辑关系，通常返回一个布尔型数据（true或false）。常见的逻辑运算符有&&（逻辑与）、||（逻辑或）、!（逻辑非）等。

④ 赋值运算符。赋值运算符用于为变量赋值。常见的赋值运算符有=（将右侧表达式的值赋给左侧变量）、+=（将左侧变量与右侧表达式相加的结果赋给左侧变量）、-=（将左侧变量与右侧表达式相减的结果赋给左侧变量）等。

⑤ 条件运算符。条件运算符是三元运算符，其语法格式如下。

```
表达式?结果1:结果2
```

若"表达式"的值为true，则执行"结果1"，否则执行"结果2"。

例如，以下代码运行后，a的值为"No"。

```
var a=2;
(a==5)?a="yes":a="No";
```

（4）流程控制语句。

JavaScript代码是由若干条语句组成的，每条语句以英文分号作为结束符。其中，控制程序执行流程的语句称为流程控制语句。在JavaScript中，流程控制语句包括条件语句、循环语句和跳转语句等。

① 条件语句。条件语句用于根据某个条件（通常为表达式）来执行某段语句。常用的条件语句有if语句、if…else语句、if…else if…else语句和switch语句。

② 循环语句。循环语句用于在一定条件下重复执行某段语句。在JavaScript中，常

用的循环语句有 for 语句、while 语句与 do…while 语句。

③ 跳转语句。跳转语句用于从其他流程控制语句中强制跳转出来。常用的跳转语句有 break 与 continue。其中，break 表示跳出循环语句或 switch 语句；continue 表示结束本次循环，继续执行下一次循环。

（5）函数的定义与调用。

为了使代码更加简洁并且可重复利用，通常会将某段可实现特定功能的代码定义成一个函数。定义好的函数可以被反复调用，大大提高了编写代码的效率。

① 函数的定义。函数分为有参函数和无参函数，它们都使用关键字 function 定义，语法格式如下。

```
function 函数名(参数1,参数2,…){
    函数体;
}
```

其中，函数名为所定义函数的名称（命名时应尽量做到见名知意，提升代码可读性）；"参数1,参数2,…"用于接收外界传递给函数的值，多个参数之间用英文逗号隔开，若无参数可省略；"函数体"为当前函数封装的代码，用于完成某个特定的功能。例如，以下代码表示定义一个求和函数。

```
function add (num1,num2){
    sum=num1+num2;
    document.write(sum);
}
```

② 函数的调用。函数定义好之后并不会自动执行，执行函数还需要在相关位置进行调用，语法格式如下。

```
函数名(参数);                        //有参函数的调用
函数名();                           //无参函数的调用
```

小 贴 士

如果想要返回函数的运行结果，就需要在函数体中添加 return 语句。例如，以下代码表示定义一个能够返回运行结果的求和函数。

```
function add (num1,num2){
    sum=num1+num2;
    return sum;
}
```

（6）数组。

在JavaScript中，数组本质上是一种特殊的对象，用于表示具有顺序关系的值。数组由多个元素组成，每个元素由"下标"和"值"组成。数组元素的"下标"又称"索引"或"键"，以数字标识，代表元素在数组中的位置，默认从0开始递增。

数组结构如图7-7所示。其中，0、1、2、3、4代表数组元素的下标，a、b、c、d、e代表数组中存储的元素值。

a	b	c	d	e
0	1	2	3	4

图7-7　数组结构

在JavaScript中，数组主要用于临时存储任意类型的数据，以便进行高速批量运算。JavaScript中有两种定义数组的方式，一种是实例化Array对象；另一种是直接使用"[]"定义数组。

① 使用Array对象（内置的对象）定义数组需要用到new关键字。具体代码如下。

```
var a=new Array();              //定义一个空数组
var b=new Array(5);             //定义一个初始长度为5的数组
//定义一个元素为字符串的数组
var menu=new Array("书店主页","企业采购","小说投稿","客户服务","个人中心");
//定义一个元素为不同类型数据的数组
var complex=new Array('hello',1,true,null);
```

小贴士

"//"为JavaScript中的注释代码，表示本行代码为注释内容。

② 使用"[]"定义数组和使用Array对象定义数组的方式类似，将new Array()替换为"[]"即可。具体代码如下。

```
var a=[];                       //定义一个空数组
//定义一个元素为字符串的数组
var menu=["书店主页","企业采购","小说投稿","客户服务","个人中心"];
//定义一个元素为不同类型数据的数组
var complex=['hello',1,true,null];
var empty=[1, , , 4, 5];        //定义一个部分元素为空的数组
```

2. 在HTML5文档中引入JavaScript

在HTML5文档中引入JavaScript的方式有3种，分别为内嵌式、外链式和行内式。

（1）内嵌式。

内嵌式是指直接将JavaScript代码编写在HTML5文档的<script>标签中，并将该标签的type属性值设置为"text/javascript"。语法格式如下。

```
<script type= "text/javascript">
    JavaScript代码
</script>
```

<script>标签可以放置在HTML5文档中的任意位置。为了使页面代码结构清晰，通常将<script>标签放置在<head>标签内。

但是，当JavaScript代码中涉及的元素较多时，可能会出现加载完JavaScript代码但未加载完页面元素导致部分效果无法显示的问题。这时，需要将<script>标签放置在<body>标签内容的末尾。

（2）外链式。

外链式是指将JavaScript代码编写在扩展名为".js"的文件（行为文件）中，然后通过设置<script>标签的src属性在HTML5文档中引入行为文件。语法格式如下。

```
<script src="JavaScript文件路径"></script>
```

当JavaScript代码比较复杂或同一段JavaScript代码需要被多个页面引用时，通常采用外链式在HTML5文档中引入行为文件。

例如，在HTML5文档中引入"text.js"文件的代码如下。

```
<!DOCTYPE html>
<html>
  <head>
        <meta charset="utf-8"/>
        <title></title>
        <script src="text.js"></script>
  </head>
  <body>
  </body>
</html>
```

（3）行内式。

行内式是指使用JavaScript代码设置HTML5标签的属性值。例如，以下代码表示在网页中单击按钮时会弹出提示框。

```
<button onclick="alert('点击按钮')">我是个按钮</button>
```

此外，将<a>标签的href属性值设置为JavaScript代码，可以实现单击链接弹出提示框，代码如下。

```
<a href="javascript:alert('点击链接');">我是个链接</a>
```

任务实施——制作"科技学院"主页的提示公告

本任务实施将制作"科技学院"主页的提示公告，页面效果如图7-8所示。

制作"科技学院"
主页的提示公告

图7-8 "科技学院"主页提示公告的页面效果

步骤 1 以本书配套素材"项目七"/"任务一"/"college"文件夹为基础创建同名站点。如已创建站点，可使用"college"文件夹中的文件替换站点文件夹中的文件。

步骤 2 打开"index.html"文件，按"F12"键查看页面效果，此时单击顶部链接模块无提示公告弹出。

步骤 3 将鼠标指针置于<header>→<div class="bg">→<section class="head1">→<nav class="top1 fl_r">标签中。

步骤 4 添加弹出信息行为。选择"窗口"/"行为"选项，打开"行为"面板，然后单击"添加行为"按钮 +，在展开的下拉列表中选择"弹出信息"选项，打开"弹出信息"对话框，最后在"消息"编辑框中输入"维护中，请稍后再试。"，并单击"确定"按钮，如图7-9所示。

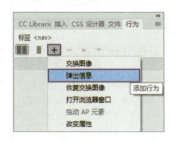
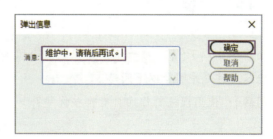

图7-9 添加弹出信息行为

步骤 5 修改弹出信息行为的事件。"行为"面板中新增一个行为，单击该行为中的事件下拉按钮 ，在展开的下拉列表中选择"onClick"选项，如图7-10所示。此时，网页代码会自动更新，如图7-11所示。

```
<script type="text/javascript">
function MM_popupMsg(msg) { //v1.0
  alert(msg);
}
</script>
```

```
<nav class="top1 fl_r" onClick="MM_popupMsg('维护中, 请稍后再试。')">
    <a href="#">资源下载中心</a>
    <a href="#">校友联系</a>
    <a href="#">校务系统</a>
    <a href="#">办事大厅</a>
    <a href="#">English</a>
    <a href="#"><img src="img/tops.png"  alt=""/></a>
</nav>
```

图7-10　修改弹出信息行为的事件　　　　图7-11　弹出信息行为的代码

 保存文件, 运行代码, 单击页面顶部链接模块弹出提示公告, 页面效果如图7-8所示。

任务二　使用模板

任务描述

使用模板可以高效地制作同一网站中结构相同的页面。本任务首先介绍创建模板、编辑模板、应用模板和管理模板的方法, 然后通过使用模板制作"科技学院网"人才引进页, 使学生练习在Dreamweaver 2021中使用模板制作网页的操作。

任务准备

全班学生以3~5人为一组, 各组选出小组长, 小组长组织组内成员预习本任务的内容, 讨论并回答以下问题。

问题1: 使用模板制作网页有哪些优势?

问题2：简述网页的哪些部分适合使用模板制作。

一、创建模板

在Dreamweaver 2021中创建模板的方法有两种，一种是新建空白模板文件，然后像制作普通网页一样添加模板内容；另一种是将已经制作好的普通网页另存为模板。（本任务的讲解均以test站点为例，即本书配套素材"项目七"/"任务二"/"test"文件夹）

1. 新建空白模板文件

模板文件的扩展名为".dwt"。当用户创建并保存空白模板文件后，就可以像制作普通网页文件一样制作模板文件了。新建空白模板文件的具体操作方法如下。

（1）新建文档。首先选择"文件"/"新建"选项，打开"新建文档"对话框；然后在左侧列表中选择"新建文档"选项，在"文档类型"列表中选择"HTML模板"选项，在"布局"列表中选择"<无>"选项；最后单击"创建"按钮，如图7-12所示。

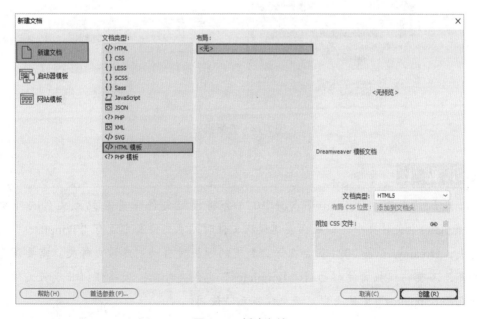

图7-12　新建文档

（2）保存为模板。首先按"Ctrl+S"组合键，打开"Dreamweaver"对话框，勾选"不再警告我"复选框；然后单击"确定"按钮，打开"另存模板"对话框，在"另存为"编辑框中输入模板名称（如"t1"）；最后单击"保存"按钮，如图7-13所示。

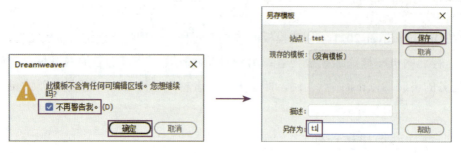

图7-13　保存为模板

（3）查看模板。打开"文件"面板，新增一个名为"Templates"的文件夹，双击该文件夹选项展开文件夹，可以看到新建的模板文件"t1.dwt"；打开"资源"面板，单击"模板"按钮，同样可以看到模板"t1"，如图7-14所示。若未在"资源"面板看到新创建的模板，可以单击"刷新"按钮刷新面板。

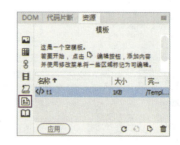

图7-14　查看模板

2. 将现有网页另存为模板

使用Dreamweaver 2021可以将网站中已经存在的某个网页另存为模板。具体操作方法是，首先打开网页文件（如"index.html"文件）并将鼠标指针置于代码视图中；然后选择"文件"/"另存为模板"选项，打开"另存模板"对话框，在"另存为"编辑框中输入模板名称（如"t2"）；最后单击"保存"按钮，打开"Dreamweaver"对话框，单击"是"按钮，如图7-15所示。

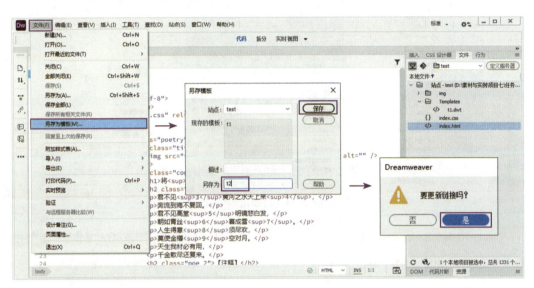

图7-15　将现有网页另存为模板

小贴士

由于模板文件与网页文件的存储位置不同，导致模板文件与引用资源的相对路径发生了变化，所以保存模板时通常需要更新链接的地址。

二、编辑模板

一般情况下，模板分为不可编辑区域与可编辑区域。用户创建模板并设置内容后，如果直接用该模板创建网页，网页的标题默认可以修改（<head>标签中的<title>标签默认设置为可编辑区域），网页的内容默认都不可以修改。所以，创建模板之后还需要在<body>标签中创建可编辑区域才能制作网页。

1. 创建可编辑区域

模板的<body>标签中至少需要创建一个可编辑区域。具体操作方法是，首先打开模板文件（如"t2.dwt"），在代码视图中选中想要创建为可编辑区域的代码（如<div class="con">标签）；然后选择"插入"/"模板"/"可编辑区域"选项，打开"新建可编辑区域"对话框；最后在"名称"编辑框中输入名称，并单击"确定"按钮，如图7-16所示。

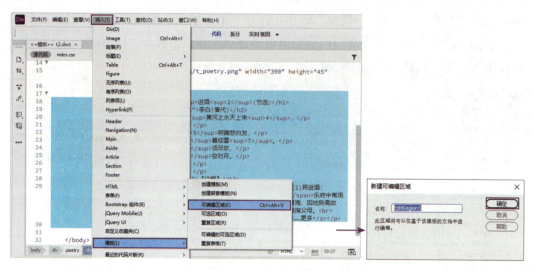

图7-16　创建可编辑区域

添加可编辑区域后网页代码自动更新，此时可以根据实际情况手动删除不需要的模板代码（如删除<div class="con">标签的所有内容），最后保存模板文件。

2. 删除可编辑区域

删除可编辑区域的具体操作方法是，打开模板文件后在代码视图中选中相应代码，选择"工具"/"模板"/"删除模板标记"选项。

三、应用模板

创建模板并设置好可编辑区域后，就可以应用该模板去创建网页文件了。应用模板创建网页文件的方法有两种，一种是使用"新建文档"对话框，另一种是使用"资源"面板。

1. 使用"新建文档"对话框应用模板创建网页文件

使用"新建文档"对话框应用模板创建网页文件与创建普通网页文件的方法类似，具体操作方法是，首先选择"文件"/"新建"选项，打开"新建文档"对话框；然后在左侧列表中选择"网站模板"选项，在"站点"列表中选择模板所在的站点（如"test"），在"站点'test'的模板"列表中选择要应用的模板（如"t2"）；最后单击"创建"按钮，如图7-17所示。

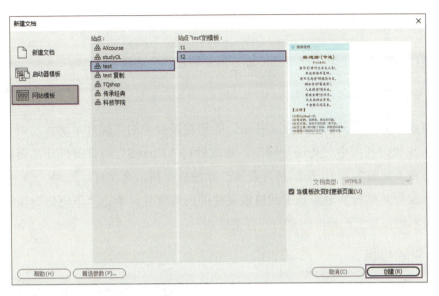

图7-17 使用"新建文档"对话框应用模板创建网页文件

应用模板创建的网页文件会显示在文档窗口中，此时可以修改可编辑区域的内容，最后按"Ctrl+S"组合键保存网页文件至站点。

2. 使用"资源"面板应用模板创建网页文件

"资源"面板主要用于对站点中的所有资源进行分类管理，这些资源包括图像、颜色、链接地址等。使用"资源"面板应用模板创建网页文件的具体操作方法是，首先选择"窗口"/"资源"选项，打开"资源"面板；然后单击"模板"按钮🖺，在显示的模板列表中右击所需模板，在弹出的快捷菜单中选择"从模板新建"选项（见图7-18）；最后保存网页文件。

图7-18 使用"资源"面板应用模板创建网页文件

四、管理模板

管理模板的操作主要包括更新模板、删除模板和分离模板。

1．更新模板

创建模板并应用其创建网页文件后，如果对模板中的某部分不满意，可以打开模板文件，在代码视图中对其进行修改。修改后按"Ctrl+S"组合键打开"更新模板文件"对话框（见图7-19），提示是否要基于此模板更新所有文件。此时，单击"更新"按钮可以保存此模板并更新基于此模板创建的所有文件；单击"不更新"按钮则只保存此模板不更新基于此模板创建的所有文件。

2．删除模板

如果不再需要某个模板，可将其删除。在"资源"面板中选择不再需要的模板文件，按"Delete"键（或单击"删除"按钮 ），打开"Dreamweaver"对话框（见图7-20），单击"是"按钮会删除模板，单击"否"按钮会取消删除。

图7-19 "更新模板文件"对话框

图7-20 "Dreamweaver"对话框

3．分离模板

如果需要对应用模板创建的网页文件中的不可编辑区域进行编辑，可以分离网页文件与模板。分离后的网页文件和普通的网页文件一样，网页中的任意区域都可以编辑。

分离模板的具体操作方法是，打开应用模板创建的网页文件，选择"工具"/"模板"/"从模板中分离"选项。

任务实施——使用模板制作"科技学院"人才引进页

本任务实施将使用模板制作"科技学院"人才引进页，页面效果如图7-21所示。

图 7-21 "科技学院"人才引进页的页面效果

步骤 1 继续在任务一任务实施的基础上操作，或使用本书配套素材"项目七"/"任务二"/"college"文件夹中的文件替换站点文件夹中的文件，并打开"index.html"文件。

步骤 2 找到 <header> → <section class="head2"> → <ul class="top2 fl_r"> 标签，将其中"人才引进"超链接的目标地址修改为"page.html"，保存文件，如图 7-22 所示。

```
<ul class="top2 fl_r">
    <li><a class="active" href="index.html">首页</a></li>
    <li><a href="#">学院风采</a></li>
    <li><a href="#">新闻动态</a></li>
    <li><a href="#">通知公告</a></li>
    <li><a href="#">招生就业</a></li>
    <li><a href="#">在线论坛</a></li>
    <li><a href="#">师资力量</a></li>
    <li><a href="page.html">人才引进</a></li>
</ul>
```

使用模板制作"科技学院"
人才引进页

图 7-22 修改超链接的目标地址

步骤 3 创建模板。将鼠标指针置于代码视图中，选择"文件"/"另存为模板"选项，打开"另存模板"对话框，然后在"另存为"编辑框中输入"t1"，单击"保存"按钮，打开"Dreamweaver"对话框，最后单击"是"按钮，如图 7-23 所示。

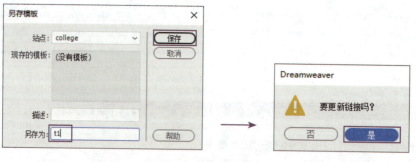

图7-23 创建模板

步骤 4 添加可编辑区域。选中 <main> 标签，选择"插入"/"模板"/"可编辑区域"选项，打开"新建可编辑区域"对话框，然后在"名称"编辑框中输入"con"，最后单击"确定"按钮，如图7-24所示。

图7-24 添加可编辑区域

步骤 5 使用同样的方法将 <header>→<section class="head2">→<ul class="top2 fl_r"> 标签添加为可编辑区域。保存模板。

步骤 6 应用模板创建网页文件。在"资源"面板中右击"t1"模板，在弹出的快捷菜单中选择"从模板新建"选项，创建网页文件，然后按"Ctrl+S"组合键打开"另存为"对话框，选择本站点文件夹，在"文件名"编辑框中输入"page.html"，最后单击"保存"按钮，如图7-25所示。

图7-25 应用模板创建网页文件

步骤 7 设置超链接的属性。在"page.html"文件中找到<header>→<section class="head2">→<ul class="top2 fl_r">标签，删除"首页"超链接标签的class属性，并为"人才引进"超链接标签添加class属性，值为"active"，如图7-26所示。

```
<section class="head2">
    <img class="fl_l logo" alt="" src="img/logo.png" /><!--
    InstanceBeginEditable name="EditRegion4" -->
    <ul class="top2 fl_r">
        <li><a href="index.html">首页</a></li>
        <li><a href="#">学院风采</a></li>
        <li><a href="#">新闻动态</a></li>
        <li><a href="#">通知公告</a></li>
        <li><a href="#">招生就业</a></li>
        <li><a href="#">在线论坛</a></li>
        <li><a href="#">师资力量</a></li>
        <li><a class="active" href="page.html">人才引进</a>
        </li>
    </ul>
```

图7-26　设置超链接的属性

步骤 8 制作网页内容。删除"page.html"文件<main>标签的内容，然后在<main>标签中添加<div>、<section>、<img>、<h1>、<h2>与<p>标签，具体内容可参照图7-21及本书配套素材"项目七"/"任务二"/"collegeF"/"page.html"文件，如图7-27所示。

```
<!-- InstanceBeginEditable name="con" -->
<main>
    <div class="page_top"></div>
    <section>
        <img src="img/page_top.png" width="1200" height="34" alt=""/>
        <div class="page">
            <h1>计算机科学技术系公开招聘专任教师招聘方案</h1>
            <p>计算机科学技术系成立于1993年，现有硕士专业1个（农业信息化），本科专业3个（计算机科学与技术、网络工程、软件工程）；有省级重点建设专业1个（计算机应用技术）、省级特色专业1个（网络工程）、校级特色专业1个（计算机科学与技术）、省级人才培养模式改革专业1个（软件工程）、校级研究所1个（计算机应用技术研究所）。</p>
            <p>根据本省事业单位公开招聘人员试行办法中给出的文件精神，结合学校实际情况面向社会公开招聘专业教师4名。具体招聘方案如下。</p>
            <h2>一、组织领导</h2>
            <p>招聘工作在学校招聘工作领导小组的领导下，由人事处、教务处、计算机科学技术系具体组织实施，全程接受学校纪委的监督。</p>
            <h2>二、招聘原则</h2>
            <p>招聘工作坚持"公开、平等、竞争、择优"的原则，按照德才兼备的标准，采取考试、试讲与考核相结合的方式进行。</p>
            <h2>三、招聘条件</h2>
            <p>（1）坚持四项基本原则，拥护党的路线、方针、政策，品行端正，遵纪守法。</p>
            <p>（2）具有强烈的事业心和使命感，敬业勤奋。</p>
            <p>（3）具有较强的教学科研能力、实践操作能力和学习能力。</p>
            <p>（4）具有岗位所需的专业技能条件。</p>
            <p>（5）适应岗位要求的身体条件。</p>
            <p>（6）符合招聘岗位的其他条件。</p>
        </div>
    </section>
</main>
<!-- InstanceEndEditable -->
```

图7-27　制作网页内容

步骤 9 打开"CSS设计器"面板，在"源"窗格中选择"index.css"选项，在"@媒体："窗格中选择"全局"选项。

步骤 **10** 制作分隔线效果。添加".page_top"选择器，设置宽度为满屏（100%），高度为3像素，背景颜色为深蓝色（#0071B6）。

步骤 **11** 设置文本部分容器的样式。添加".page"选择器，设置顶部边距为0像素，填充为20像素，边框为3像素的深蓝色（#0071B6）实线。

步骤 **12** 设置一级标题的样式。添加".page h1"选择器，设置字体大小为26像素，边距为30像素，颜色为深蓝色（#0071B6）。

步骤 **13** 设置二级标题的样式。添加".page h2"选择器，设置字体大小为20像素，边距为10像素，颜色为深蓝色（#0071B6）。

步骤 **14** 设置段落的样式。添加".page p"选择器，设置字体大小为16像素，边距为20像素，颜色为灰色（#606060），文本首行缩进为2字符。

步骤 **15** 保存文件，页面效果如图7-21所示。

🎯 素养之窗

使用模板能够极大地提升网页制作的效率，我们在生活中也可以利用这一思想提升工作和学习的效率。例如，编写各类文档时先确定常用的文本格式，制作文书模板，以便后续重复使用。

任务三　使用库

🌐 任务描述

使用库可以将网页中常用的模块代码保存起来，然后在多个网页中重复使用。本任务首先介绍创建库、应用库和编辑库的方法，然后通过使用库完善"科技学院"人才引进页，使学生练习在Dreamweaver 2021中使用库制作网页的操作。

⚙ 任务准备

全班学生以3～5人为一组，各组选出小组长，小组长组织组内成员预习本任务的内容，讨论并回答以下问题。

问题1: 使用库制作网页有哪些优势?

问题2: 简述网页中的哪类模块可以使用库制作。

一、创建库

库也称库项目,是一种特殊类型的文件,扩展名为".lbi"。在实际开发中,通常会将常用模块的代码创建为库,然后在其他页面中重复使用。

例如,某公司在开发网站时,想让广告语出现在每个网页上,但是暂时没有确定内容。此时就可以创建一个包含临时广告语的库并插入每个网页中,当确定了最终的广告语后再通过更改库自动更新所有网页。并且,当以后想要修改广告语时,只需修改库及其属性即可。

创建库的具体操作方法如下。(本任务的讲解均以test1站点为例,即本书配套素材"项目七"/"任务三"/"test1"文件夹)

(1)选中网页内容。打开网页文件,在设计视图中拖动鼠标选中想要创建为库的模块。需要注意的是,在选择元素时若想要一同选中容器元素,应单击元素四周的黑色边线,如图7-28所示。

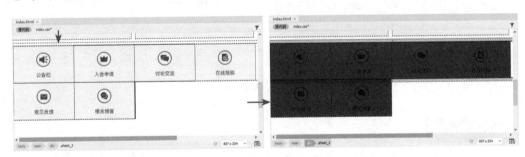

图7-28 选中网页内容

(2)创建库。选择"工具"/"库"/"增加对象到库"选项,打开"Dreamweaver"对话框,单击"确定"按钮,如图7-29所示。

图 7-29　创建库

（3）命名库。"资源"面板中新增一个库，且其文件名处于可编辑状态，输入文件名后按"Enter"键确认，打开"更新文件"对话框，然后单击"更新"按钮，如图 7-30 所示。

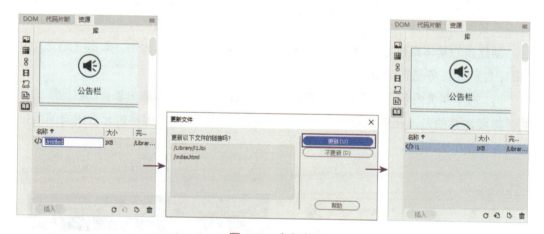

图 7-30　命名库

二、编辑库

在Dreamweaver 2021中，可以对创建好的库进行编辑，具体操作方法如下。

（1）打开并编辑库。首先在"资源"面板中单击"库"按钮📖；然后双击打开想要编辑的库；最后在文档窗口中编辑库，如图7-31所示。

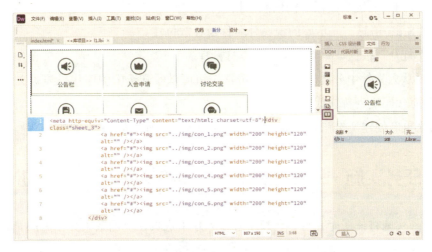

图7-31　打开并编辑库

（2）保存并更新库。首先按"Ctrl+S"组合键打开"更新库项目"对话框；然后单击"更新"按钮，打开"更新页面"对话框；最后在"查看"下拉列表中选择"整个站点"选项（右侧的编辑框中自动显示本站点），并单击"开始"按钮，如图7-32所示。

图7-32　保存并更新库

三、应用库

创建好的库可以应用到各网页中。具体操作方法是，首先确定应用库的位置；然后在"资源"面板中选择库并单击"插入"按钮 插入 。

应用库后，在"属性"面板中可以对库进行设置，如图7-33所示。

图7-33 "属性"面板

下面介绍"属性"面板中的信息与按钮。

（1）"Src"信息。显示库的源文件名称及存放位置。

（2）"打开"按钮。单击该按钮可以打开库。

（3）"从源文件中分离"按钮。单击该按钮可以断开选中的库代码与源文件之间的连接，使库代码变为普通代码。

（4）"重新创建"按钮。单击该按钮可以用选中的库代码覆盖库的源文件。

任务实施——使用库完善"科技学院"人才引进页

本任务实施将使用库完善"科技学院"人才引进页，页面效果如图7-34所示。

使用库完善"科技学院"
人才引进页

图7-34 "科技学院"人才引进页的页面效果

步骤 1 继续在任务二任务实施的基础上操作，或使用本书配套素材"项目七"/"任务三"/"college"文件夹中的文件替换站点文件夹中的文件，并打开"index. html"文件。

步骤 2 创建库。选中<main>标签中的<div class="clear">标签与<section class= "sheet_3">标签，在"资源"面板中单击"库"按钮📖，然后单击"新建库项目"按钮，打开"Dreamweaver"对话框，单击"确定"按钮，如图7-35所示。

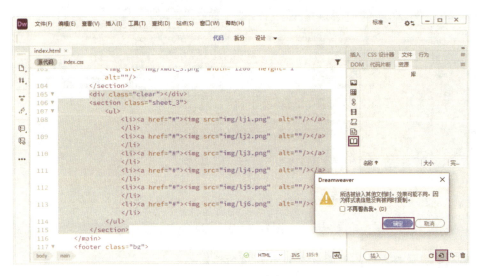

图7-35 创建库

步骤 3 命名库。"资源"面板中新增一个库，其名称处于可编辑状态，输入"sheet_3"并按"Enter"键，打开"更新文件"对话框，单击"更新"按钮，如图7-36所示。保存"index.html"文件。

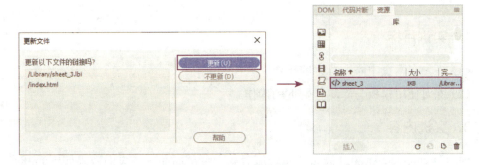

图7-36 命名库

步骤 4 应用库。打开"page.html"文件，将鼠标指针置于在<main>标签的结束标签左侧，然后在"资源"面板中选择"sheet_3"选项，单击"插入"按钮 插入 （有时需单击两次），如图7-37所示。

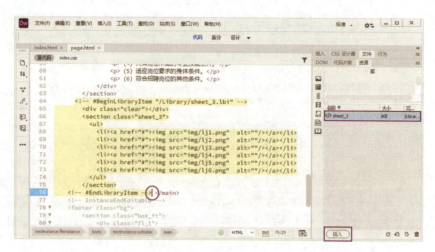

图 7-37　应用库

步骤 5 保存文件，页面效果如图 7-34 所示。

项目实训——完善"童趣服装店"全部商品页

1. 实训目标

（1）练习在网页中添加行为的操作。

（2）练习使用模板与库制作网页的操作。

2. 实训内容

使用 Dreamweaver 2021 完善"童趣服装店"全部商品页，页面效果如图 7-38 所示。

3. 实训提示

（1）以本书配套素材"项目七"/"项目实训"/"TQshop"文件夹为基础创建同名站点。如已创建站点，可使用"TQshop"文件夹中的文件替换站点文件夹中的文件。

（2）将"index.html"文件的页脚模块（<footer class="bg">标签）创建为库"footer"，然后将该库应用至"allpd.html"文件的底部（<main>标签下方）。

（3）在"allpd.html"文件中，为"产品分类"模块（<div class="side-nav-list">标签）添加弹出信息行为，行为的事件为鼠标单击某元素时触发，弹出的信息为"网站内容更新中，请稍后再试。"。

图7-38 "童趣服装店"全部商品页的页面效果

 项目总结

完成本项目的学习与实践后，请总结应掌握的重点内容，并将图7-39中的空白处填写完整。

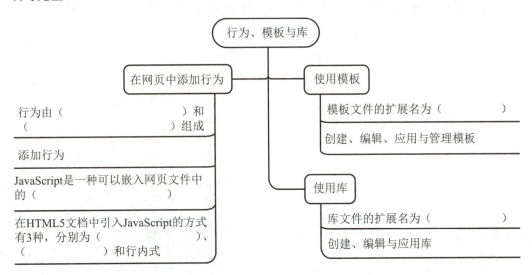

图7-39 项目总结

项目考核

1. 选择题

（1）下列事件中，表示鼠标双击某元素时触发的是（　　　）。

  A. onClick   B. onError

  C. onDblClick   D. onFocus

（2）下列数据类型中，表示布尔型的是（　　　）。

  A. number   B. string

  C. boolean   D. undefined

（3）在"资源"面板中，（　　　）表示"模板"按钮。

  A. 🖼   B. ▦

  C. 🖹   D. 📖

（4）在"资源"面板中，（　　　）表示"刷新"按钮。

  A. ↻   B. ⤵

  C. ↳   D. 🗑

（5）创建库后，库默认放置在站点文件夹下的（　　　）文件夹中。

  A. Templates   B. Library

  C. Images   D. Application

2. 判断题

（1）JavaScript是一种可以嵌入网页文件中的编程语言。   （　　　）

（2）已经制作好的网页不能另存为模板。   （　　　）

（3）库能够在多个页面中重复使用。   （　　　）

项目评价

请学生结合本项目的学习情况，对学习成果进行自评和互评（组内成员互相评分），请指导教师进行师评和总评，并将评价结果填入表7-2中。

表7-2　学习成果评价表

评价项目	评价内容	分值	评价得分		
			自评	互评	师评
知识（30%）	行为的基础知识	10分			
	模板与库的基础知识	20分			
能力（50%）	在网页中添加行为	20分			
	使用模板与库制作网页	30分			
素养（20%）	具有自主学习意识，做好课前准备	5分			
	文明礼貌，遵守课堂纪律	5分			
	互帮互助，具有团队精神	5分			
	认真负责，按时完成学习、实践任务	5分			
合计		100分			
综合分数	综合分数：_____	指导教师签字：_____			
	综合等级：_____				

注：综合分数可按照"自评（25%）+互评（25%）+师评（50%）"进行计算；综合等级可以"优"（90分≤综合分数≤100分）、"良"（80分≤综合分数＜90分）、"中"（60分≤综合分数＜80分）、"差"（综合分数＜60分）为标准进行评价。

项目八

实战案例——制作"爱学精品课"网站

项目导读

　　本项目将制作"爱学精品课"网站，帮助读者进一步熟悉网站开发流程，巩固使用 Dreamweaver 2021 制作网页的方法，掌握网页制作过程中涉及的知识，使读者做到学习和工作的无缝衔接。

学习目标

知识目标

➡ 熟悉制作网站的具体流程。

技能目标

➡ 能够使用 Dreamweaver 2021 制作网站。

素质目标

➡ 勤思考，加强大局意识，培养良好的思维方式。
➡ 多动手，锻炼实践能力，提升工作竞争力。

任务一　规划"爱学精品课"网站

 ### 任务描述

本任务将对"爱学精品课"网站进行前期规划，确定网站的发展战略、设计网站的内容、确定网站开发的流程等，为制作网站奠定基础。

任务实施

步骤 1 确定网站的发展战略。"爱学精品课"网站属于学习类网站，主要用户为学生、教师等。本网站的主要发展战略为提供优质的教学资源，同时与相关领域专家合作，共同打造个性化的学习体验，使网站成为功能强大的教学平台。

步骤 2 设计与规划网站的内容。"爱学精品课"网站的主要内容为课程与图书，将网站内容划分为课程、图书、师资力量等栏目，并确定本网站整体采用鲜艳醒目的设计风格与配色方案。

步骤 3 确定网站开发的流程。网站开发工作大致分为前期规划、创建网站站点、制作网站主页、制作网站次级页面、测试与发布网站等。

步骤 4 确定网站开发的资源分配计划。网站开发过程共安排5名开发人员，使用 Dreamweaver 2021 软件与相关制图软件进行开发工作，预计30天内完成。

步骤 5 确定网站的发布计划。网站制作完成后，开发人员对网站进行测试，确保网站功能全部成功实现，并将网站发布至客户公司申请的远程站点中。

任务二　创建"爱学精品课"网站站点

 ### 任务描述

本任务将创建"爱学精品课"网站站点，并在其中添加网站的文件。

![任务实施]

步骤 **1** 在本地磁盘的合适位置创建"AXcourse"文件夹，然后将本书配套素材"项目八"文件夹中的"img"文件夹复制并粘贴至"AXcourse"文件夹中。

步骤 **2** 创建站点。启动 Dreamweaver 2021，选择"站点"/"新建站点"选项，打开"站点设置对象"对话框，在"站点名称"编辑框中输入"AXcourse"（对话框名称自动变为"站点设置对象 AXcourse"），并将本地站点文件夹设置为创建好的"AXcourse"文件夹，单击"保存"按钮，如图8-1所示。

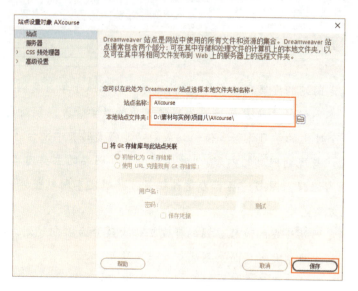

图8-1 创建"AXcourse"站点

步骤 **3** 创建文件。打开"文件"面板，利用快捷菜单在站点中创建"index.html"文件，然后创建一个"css"文件夹，并在"css"文件夹中创建"common.css""course.css""index.css"文件，如图8-2所示。

图8-2 "AXcourse"站点中的文件

任务三　制作"爱学精品课"主页

 任务描述

本任务将制作"爱学精品课"主页，页面效果如图8-3所示。

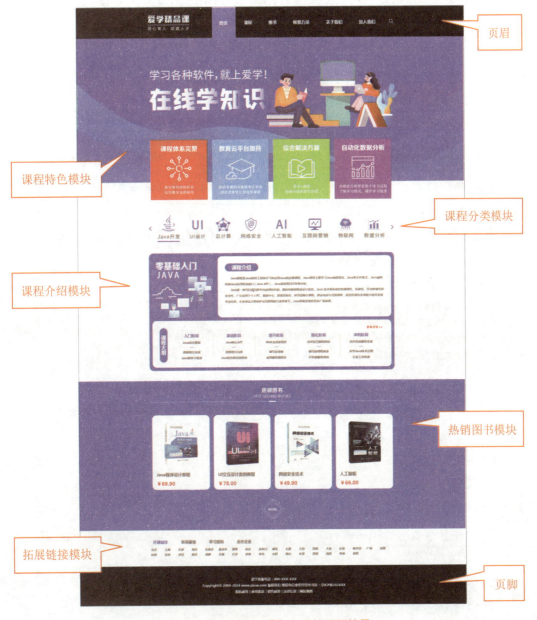

课程特色模块

课程分类模块

课程介绍模块

热销图书模块

拓展链接模块

页眉

页脚

图8-3　"爱学精品课"主页的页面效果

"爱学精品课"主页共包含7个部分，分别为页眉、课程特色模块、课程分类模块、课程介绍模块、热销图书模块、拓展链接模块、页脚。

（1）页眉。页眉中含有网站Logo和导航栏，为浏览者提供便捷服务。

（2）课程特色模块。该模块主要用于展示网站主要产品的核心卖点。

（3）课程分类模块。该模块主要用于展示网站课程的分类，单击分类按钮能够切换课程介绍模块的内容。

（4）课程介绍模块。该模块主要用于展示不同分类的课程的介绍。

（5）热销图书模块。该模块主要用于展示网站热销的图书。

（6）拓展链接模块。该模块主要用于展示与本网站相关的链接。

（7）页脚。页脚中含有联系信息、版权信息等。

任务实施

1. 设置主页头部信息并构建页面整体结构

步骤 1 打开"AXcourse"站点，在"文件"面板中双击打开"index.html"文件。

步骤 2 修改<head>标签的内容，设置主页头部信息。具体可参照以下代码。

```
<meta charset="utf-8">
<title>爱学精品课</title>
<!-- 通用样式文件 -->
<link href="css/common.css" rel="stylesheet" type="text/css">
<!-- 主页样式文件 -->
<link href="css/index.css" rel="stylesheet" type="text/css">
```

步骤 3 在<body>标签中添加不同的标签，构建页面整体结构。具体可参照以下代码。

```
<!--页眉的容器-->
<header class="bg"></header>
<main>
<!--课程特色模块的容器-->
    <div></div>
    <section class="kcts"></section>
<!--课程分类模块的容器-->
```

```
    <section class="kcfl"></section>
<!--课程介绍模块的容器-->
    <section class="kcjs"></section>
<!--热销图书模块的容器-->
    <div class="box_rxts"></div>
<!--拓展链接模块的容器-->
    <section class="ljz"></section>
</main>
<!--页脚的容器-->
<footer class="bg"></footer>
```

2. 设置通用样式

步骤 1 打开 "common.css" 文件，在其中输入以下代码，设置通用的样式。

```
/*设置页面部分元素的边距与填充*/
html,body,h1,h2,p{margin:0px;padding:0px;}
/*设置图像的边框、显示与溢出行为*/
img{border:none;display:block;overflow:hidden;}
/*设置超链接的文本修饰、显示与颜色*/
a{text-decoration:none;display:inline-block;color:#1B1B1B;}
/*设置左浮动公共类*/
.fl{float:left}
/*设置右浮动公共类*/
.fr{float:right}
/*设置背景颜色公共类*/
.bg{background-color:#0C151B;}
/*设置页面部分元素的轮廓线*/
select,option,button,textarea,input,input:focus{outline:none;}
/* 设置表单控件内提示信息的字体大小与颜色 */
input::-webkit-input-placeholder{font-size:16px;color:#9FA0A0;}
/*设置模块容器的宽度与边距*/
section{width:1200px;margin:0px auto;}
```

步骤 2 保存文件。

3. 制作页眉

步骤 1 在<header class="bg">标签中添加不同的标签，制作页眉的结构。具体可参照以下代码。

```html
<section>
    <img class="fl" src="img/common/logo.png" alt="" />
    <!--导航栏-->
    <nav class="fl">
            <a class="active" href="index.html">首页</a>
            <a href="course.html">课程</a>
            <a href="#">图书</a>
            <a href="#">师资力量</a>
            <a href="#">关于我们</a>
            <a href="#">加入我们</a>
    </nav>
    <a class="fr" href="#">
            <img src="img/common/ss.png" alt="" />
    </a>
</section>
```

步骤 2 在"common.css"文件中添加不同的选择器和属性，设置页眉的样式。具体可参照以下代码。

```css
/*页眉*/
/*设置页眉容器的高度*/
header{height:150px;}
/*设置导航栏的左边距*/
header nav{margin-left:110px;}
/*设置导航栏超链接的颜色、字体大小、字体粗细与填充*/
header nav a{color:#FFFFFF;font-size:20px;font-weight:bold;
padding:62px 38px;}
/*设置指向当前页面的导航栏超链接与鼠标指针悬停时导航栏超链接的背景颜色*/
header nav a.active,header nav a:hover{
background-color:#5142EA;}
/*设置导航栏第1个超链接的顶部边距*/
header nav+a{margin-top:64px;}
```

4. 制作课程特色模块

步骤 1 在 `<main>`→`<div>` 标签与 `<section class="kcts">` 标签中添加不同的标签，制作课程特色模块的结构。具体可参照以下代码。

```
<div>
  <img width="100%" src="img/index/banner.png" alt="" />
</div>
<section class="kcts">
  <!--图像-->
  <div><img src="img/index/kcts_1.png" alt="" /></div>
  <div><img src="img/index/kcts_2.png" alt="" /></div>
  <div><img src="img/index/kcts_3.png" alt="" /></div>
  <div><img src="img/index/kcts_4.png" alt="" /></div>
</section>
```

步骤 2 在 "index.css" 文件中添加不同的选择器和属性，设置课程特色模块的样式。具体可参照以下代码。

```
/*课程特色模块*/
/*设置课程特色模块容器的高度、定位方法与顶部边距*/
.kcts{height:290px;position:relative;margin-top:-205px;}
/*设置图像容器的浮动与边距*/
.kcts div{float:left;margin:0px 11.5px;}
```

5. 制作课程分类模块

步骤 1 在 `<section class="kcfl">` 标签中添加不同的标签，制作课程分类模块的结构。具体可参照以下代码。

```
<!-- 左移动按钮-->
<div class="fl">
  <a href="#"><img src="img/index/kcfl_l.png" alt="" /></a>
</div>
<!--右移动按钮-->
<div class="fr">
  <a href="#"><img src="img/index/kcfl_r.png" alt="" /></a>
</div>
<!--分类按钮-->
```

```
<div class="kcfl_c>
    <a class="d_active" href="#">
        <img src="img/index/kcfl_1.png" alt="" />
    </a>
    <a href="#"><img src="img/index/kcfl_2.png" alt="" /></a>
    <a href="#"><img src="img/index/kcfl_3.png" alt="" /></a>
    <a href="#"><img src="img/index/kcfl_4.png" alt="" /></a>
    <a href="#"><img src="img/index/kcfl_5.png" alt="" /></a>
    <a href="#"><img src="img/index/kcfl_6.png" alt="" /></a>
    <a href="#"><img src="img/index/kcfl_7.png" alt="" /></a>
    <a href="#"><img src="img/index/kcfl_8.png" alt="" /></a>
</div>
```

步骤 2 在"index.css"文件中添加不同的选择器和属性，设置课程分类模块的样式。具体可参照以下代码。

```
/*课程分类模块*/
/*设置课程分类模块容器的边距与高度*/
.kcfl{margin:60px auto;height:138px;}
/*设置移动按钮超链接的顶部边距*/
.kcfl .fl,.fr a{margin-top:65px;}
/*设置分类按钮容器的宽度与边距*/
.kcfl_c{width:1160px;margin:0px 20px;}
/*设置分类按钮超链接的边距、填充与底部边框*/
.kcfl_c a{margin:0px 23px;padding:8px 0px 10px 0px;
border-bottom:4px solid #FFFFFF;}
/*设置选中的分类按钮超链接与鼠标指针悬停时分类按钮超链接的底部边框*/
.kcfl_c a.d_active,.kcfl_c a:hover{
border-bottom: 4px solid #5142EA;}
```

6. 制作课程介绍模块

步骤 1 在<section class="kcjs">标签中添加不同的标签，制作课程介绍模块的结构。具体可参照以下代码。

```
<!--图像-->
<img class="fl" src="img/index/kcjs_1.png" alt="" />
```

```html
<!--课程介绍区域-->
<div class="kcjs_js">
    <h1>课程介绍</h1>
    <p>Java课程是Java软件工程师学习和应用Java的必要课程。Java课程主要学习Java编程语言、Java类文件格式、Java虚拟机和Java应用程序接口（Java API）、Java游戏项目开发等内容。</p>
    <p>Java是一种可以撰写跨平台应用软件的、面向对象的程序设计语言。Java 技术具有良好的通用性、高效性、平台移植性和安全性，广泛应用于个人PC、数据中心、游戏控制台、科学超级计算机、移动电话与互联网等，而且还拥有全球最大的开发者专业社群。在全球云计算和移动互联网的行业环境下，Java具备显著优势和广阔前景。</p>
</div>
<!--课程大纲区域-->
<div class="kcjs_dg">
    <a href="course.html">
        <img src="img/index/kcjs_2.png" alt="" />
    </a>
    <h1>课程大纲</h1>
    <!--课程大纲-->
    <div class="kcdg fl">
        <div>
            <h2>入门阶段</h2>
            <p>Java语言基础</p>
            <div></div>
            <p>能够独立完成</p>
            <p>Java简单小程序</p>
        </div>
        <img class="fl" src="img/index/kcjs_3.png" alt="" />
        <div>
            <h2>基础阶段</h2>
            <p>Java核心API</p>
            <div></div>
            <p>能够独立完成</p>
            <p>Java较为复杂的程序</p>
```

```
        </div>
        <img class="fl" src="img/index/kcjs_3.png" alt="" />
        <div>
                <h2>提升阶段</h2>
                <p>Web全栈及框架</p>
                <div></div>
                <p>编写企业级</p>
                <p>应用服务器程序</p>
        </div>
        <img class="fl" src="img/index/kcjs_3.png" alt="" />
        <div>
                <h2>强化阶段</h2>
                <p>高并发互联网架构</p>
                <div></div>
                <p>编写应用程序及</p>
                <p>开发微服务架构</p>
        </div>
        <img class="fl" src="img/index/kcjs_3.png" alt="" />
        <div>
                <h2>冲刺阶段</h2>
                <p>高并发微服务实战</p>
                <div></div>
                <p>所学Java技术达到</p>
                <p>行业工作标准</p>
        </div>
    </div>
</div>
```

步骤 2 在"index.css"文件中添加不同的选择器和属性，设置课程介绍模块的样式。具体可参照以下代码。

```
/*课程介绍模块*/
/*设置课程介绍模块容器的定位方法、宽度、高度、背景颜色与边框半径*/
.kcjs{position:relative;width:1200px;height:565px;
background-color:#5142EA;border-radius:20px;}
```

/*设置课程介绍模块容器内图像的定位方法、顶边缘的位置、左边缘的位置与边框半径*/

.kcjs>img{position:absolute;top:15px;left:15px;

border-radius:20px;}

/*设置课程介绍区域容器的定位方法、顶边缘的位置、右边缘的位置、宽度、高度、背景颜色与边框半径*/

.kcjs_js{position:absolute;top:15px;right:15px;

width:850px;height:295px;background-color:#FFFFFF;

border-radius:20px;}

/*设置课程介绍区域和课程大纲区域一级标题的宽度、高度、颜色、字体大小、边框半径、背景颜色、文本水平对齐方式、行高与边距*/

.kcjs_js h1,.kcjs_dg h1{width:165px;height:38px;

color:#FFFFFF;font-size:24px;border-radius:20px;

background-color:#5142EA;text-align:center;

line-height:38px;margin:35px auto 20px 35px;}

/*设置课程介绍区域段落的字体大小、颜色、行高、边距、文本首行缩进与字体粗细*/

.kcjs_js p{font-size:14px;color:#595757;line-height:28px;

margin:0px 35px;text-indent:2em;font-weight:bold;}

/*设置课程大纲区域容器的定位方法、底边缘的位置、左边缘的位置、宽度、高度、背景颜色与边框半径*/

.kcjs_dg{position:absolute;bottom:15px;left:15px;

width:1170px;height:225px;background-color:#FFFFFF;

border-radius:20px;}

/*设置课程大纲区域超链接的定位方法、顶边缘的位置与右边缘的位置*/

.kcjs_dg>a{position:absolute;top:25px;right:38px;}

/*设置课程大纲区域一级标题的书写模式、宽度与高度*/

div.kcjs_dg h1{writing-mode:vertical-lr;

width:38px;height:165px;}

/*设置课程大纲容器的定位方法、左边缘的位置、顶边缘的位置、宽度与高度*/

.kcdg{position:absolute;left:120px;top:60px;width:972px;

height:130px;}

/*设置课程大纲内容的浮动与宽度*/

.kcdg>div{float:left;width:140px;}

```
/*设置课程大纲二级标题的字体大小、颜色、边距与文本水平对齐方式*/
.kcdg h2{font-size:18px;color:#5142EA;
margin:0px auto 12px auto;text-align:center;}
/*设置课程大纲段落的字体大小、颜色、底部边距、文本水平对齐方式与字体
粗细*/
.kcdg p{font-size:14px;color:#595757;margin-bottom:9px;
text-align:center;font-weight:bold;}
/*设置课程大纲装饰元素的宽度、高度、背景颜色与边距*/
.kcdg>div>div{width:20px;height:3px;
background-color:#A8A0F4;margin:12px auto;}
```

小 贴 士

writing-mode属性用于设置书写模式。默认情况下，标签中的字符先在水平方向自左至右排列，再在垂直方向自上至下排列，这也是最符合日常阅读习惯的书写模式。writing-mode的属性值vertical-lr表示标签中的字符先在垂直方向自上至下排列，再在水平方向自左至右排列。

7. 制作热销图书模块

步骤 1 在<div class="box_rxts">标签中添加不同的标签，制作热销图书模块的结构。具体可参照以下代码。

```
<section>
    <img src="img/index/rxts_t.png" width="1200" height="100"
alt=""/>
    <!--图书-->
    <div>
        <img src="img/index/rxts_1.png" alt="" />
        <h1>Java程序设计教程</h1>
        <p>￥69.90</p>
    </div>
    <div>
        <img src="img/index/rxts_2.png" alt="" />
        <h1>UI交互设计案例教程</h1>
        <p>￥78.00</p>
```

```
    </div>
    <div>
        <img src="img/index/rxts_3.png" alt="" />
        <h1>网络安全技术</h1>
        <p>￥49.90</p>
    </div>
    <div>
        <img src="img/index/rxts_4.png" alt="" />
        <h1>人工智能</h1>
        <p>￥66.00</p>
    </div>
    <!--图像超链接-->
    <a href="#" class="rxts_m">
        <img src="img/index/rxts_m.png" alt="" />
    </a>
</section>
```

步骤 2 在"index.css"文件中添加不同的选择器和属性，设置热销图书模块的样式。具体可参照以下代码。

```
/*热销图书模块*/
/*设置热销图书模块容器的顶部边距、高度、背景颜色与顶部填充*/
.box_rxts{margin-top:50px;height:700px;
background-color:#5142EA;padding-top:20px;}
/*设置图书容器的浮动、宽度、高度、边距、边框半径与背景颜色*/
.box_rxts>section>div{float:left;width:280px;
height:360px;margin:45px 10px;
border-radius:20px;background-color:#FFFFFF;}
/*设置图书图像的边距*/
.box_rxts>section>div>img{margin:30px auto;}
/*设置图书一级标题的字体大小、颜色、左边距与底部边距*/
.box_rxts>section>div>h1{font-size:20px;color:#595757;
margin-left:20px;margin-bottom:15px;}
/*设置图书段落的字体大小、颜色、字体粗细与左边距*/
.box_rxts>section>div>p{font-size:24px;color:#F03E38;
```

```
font-weight:bold;margin-left:20px;}
/*设置图像超链接的清除浮动、宽度、边距与显示*/
.rxts_m{clear:both;width:113px;margin:0px auto;
display:block;}
```

8. 制作拓展链接模块

步骤 1 在<section class="ljz">标签中添加不同的标签，制作拓展链接模块的结构。具体可参照以下代码。

```
<!--选项超链接-->
<div class="ljz_fl">
    <a class="t_active" href="#">开课城市</a>
    <a href="#">实训基地</a>
    <a href="#">学习资料</a>
    <a href="#">合作企业</a>
</div>
<!--子选项超链接-->
<div>
    <a href="#">北京</a><a href="#">上海</a><a href="#">天
津</a><a href="#">重庆</a><a href="#">石家庄</a><a href="#">秦
皇岛</a><a href="#">邯郸</a><a href="#">保定</a><a href="#">张
家口</a><a href="#">廊坊</a><a href="#">太原</a><a href="#">大
同</a><a href="#">沈阳</a><a href="#">大连</a><a href="#">长
春</a><a href="#">哈尔滨</a><a href="#">广州</a><a href="#">深
圳</a><a href="#">杭州</a><a href="#">苏州</a><a href="#">武
汉</a><a href="#">南京</a><a href="#">成都</a><a href="#">无
锡</a><a href="#">长沙</a><a href="#">济南</a><a href="#">青
岛</a><a href="#">合肥</a><a href="#">佛山</a><a href="#">东莞
</a><a href="#">昆明</a><a href="#">南昌</a><a href="#">珠海</a><a
href="#">贵阳</a>
</div>
```

步骤 2 在"index.css"文件中添加不同的选择器和属性，设置拓展链接模块的样式。具体可参照以下代码。

```
/*拓展链接模块*/
/*设置拓展链接模块容器的高度*/
.ljz{height:130px;}
/*设置选项超链接容器的顶部边距与底部边距*/
.ljz_fl{margin-top:45px;margin-bottom:10px;}
/*设置选项超链接的字体大小、颜色、字体粗细、右边距与左边距*/
.ljz_fl>a{font-size:18px;color:#595757;font-weight:bold;
margin-right:50px;margin-left:10px;}
/*设置选中的选项超链接与鼠标指针悬停时选项超链接的颜色*/
.ljz_fl>a.t_active,.ljz_fl>a:hover{color:#5142EA;}
/*设置子选项超链接的字体大小、颜色、字体粗细、宽度、浮动与顶部边距*/
.ljz_fl+div a{font-size:14px;color:#595757;
font-weight:bold;width:66px;float:left;margin-top:5px;}
```

9. 制作页脚

步骤 1 在 <footer class="bg"> 标签中添加不同的标签，制作页脚的结构。具体可参照以下代码。

```
<section>
    <p>爱学客服电话：400-XXX-XXX</p>
    <p>Copyright© 2009-2024 www.aixue.com 版权所有 增值电信业务
经营许可证：京ICP备202XXX</p>
    <p>隐私政策 | 使用条款 | 销售政策 | 法律信息 | 网站地图</p>
</section>
```

步骤 2 在 "common.css" 文件中添加不同的选择器和属性，设置页脚的样式。具体可参照以下代码。

```
/*页脚*/
/*设置页脚容器的填充*/
footer{padding:50px 0px;}
/*设置页脚段落的字体大小、字体粗细、颜色、文本水平对齐方式与行高*/
footer section>p{font-size:16px;font-weight:bold;
color:#FFFFFF;text-align:center;line-height:30px;}
```

任务四　制作"爱学精品课"课程页

 任务描述

本任务将制作"爱学精品课"课程页，页面效果如图8-4所示。

"爱学精品课"课程页可分为两个部分，一部分为与主页统一的页眉与页脚；另一部分为课程页的功能区域。其中，页眉与页脚使用模板制作；功能区域放置在<main>标签中，包括课程详情模块与课程内容模块。

图8-4　"爱学精品课"课程页的页面效果

任务实施

1. 使用模板制作课程页

步骤 1 将"index.html"文件另存为模板，命名为"t1.dwt"并打开。

步骤 2 在\<head\>标签中选中第1个\<!-- TemplateEndEditable --\>标签并右击，在弹出的快捷菜单中选择"剪切"选项，然后在\<!-- TemplateBeginEditable name="head" --\>标签左侧右击，在弹出的快捷菜单中选择"粘贴"选项，设置可编辑区域。

步骤 3 选中\<header\>→\<nav\>标签及内容，然后选择"插入"/"模板"/"可编辑区域"选项，设置可编辑区域。

步骤 4 删除\<main\>标签中的全部内容后选中该标签，然后选择"插入"/"模板"/"可编辑区域"选项，设置可编辑区域。

步骤 5 保存模板，然后使用该模板在站点文件夹中创建"course.html"文件并打开。

步骤 6 修改\<head\>标签的内容，设置课程页的头部信息。具体可参照以下代码。

```
<title>爱学精品课-课程</title>
<!-- 通用样式文件 -->
<link href="css/common.css" rel="stylesheet" type="text/css">
<!-- 课程页样式文件 -->
<link href="css/course.css" rel="stylesheet" type="text/css">
```

步骤 7 修改\<nav class="fl"\>标签的内容，设置课程页的导航栏。具体可参照以下代码。

```
<a href="index.html">首页</a>
<a class="active" href="course.html">课程</a>
<a href="#">图书</a>
<a href="#">师资力量</a>
<a href="#">关于我们</a>
<a href="#">加入我们</a>
```

2. 制作功能区域

步骤 1 在\<main\>标签中添加不同的标签，制作课程详情模块与课程内容模块的结构。具体可参照以下代码。

```
<!-- 课程详情模块 -->
<section class="kcxq">
    <!--分类超链接-->
    <div class="kcxq_fl">
        <a class="a_actiove" href="#">Java开发</a>
        <a href="#">UI设计</a>
        <a href="#">云计算</a>
        <a href="#">网络安全</a>
        <a href="#">人工智能</a>
        <a href="#">互联网营销</a>
        <a href="#">物联网</a>
        <a href="#">数据分析</a>
    </div>
    <!--课程详情区域-->
    <div class="kcxq_xq">
        <p>
            <a href="#">当前位置</a> /
            <a href="#">课程</a> /
            <a href="#">课程详情</a>
        </p>
        <img src="img/course/kcxq_1.png" alt="" />
        <!--课程大纲区域-->
        <div class="kcxq_dg">
            <!--课程大纲-->
            <div>
                <div>
                    <h2>入门阶段</h2>
                    <p>Java语言基础</p>
                    <div></div>
                    <p>能够独立完成</p>
                    <p>Java简单小程序</p>
                </div>
                <img class="fl" src="img/course/kcxq_2.png"
alt="" />
```

```html
                    <div>
                            <h2>基础阶段</h2>
                            <p>Java核心API</p>
                            <div></div>
                            <p>能够独立完成</p>
                            <p>Java较为复杂的程序</p>
                    </div>
                    <img class="fl" src="img/course/kcxq_2.png"
alt="" />
                    <div>
                            <h2>提升阶段</h2>
                            <p>Web全栈及框架</p>
                            <div></div>
                            <p>编写企业级</p>
                            <p>应用服务器程序</p>
                    </div>
                    <img class="fl" src="img/course/kcxq_2.png"
alt="" />
                    <div>
                            <h2>强化阶段</h2>
                            <p>高并发互联网架构</p>
                            <div></div>
                            <p>编写应用程序及</p>
                            <p>开发微服务架构</p>
                    </div>
                    <img class="fl" src="img/course/kcxq_2.png"
alt="" />
                    <div>
                            <h2>冲刺阶段</h2>
                            <p>高并发微服务实战</p>
                            <div></div>
                            <p>所学Java技术达到</p>
                            <p>行业工作标准</p>
                    </div>
```

```
                </div>
                <h1>课程大纲</h1>
            </div>
        </div>
    </section>
    <!-- 课程内容模块 -->
    <section class="kcnr">
        <!--课程介绍区域-->
        <section class="kcnr_1">
            <h1>课程介绍</h1>
            <p>Java课程是Java软件工程师学习和应用Java的必要课程。Java
课程主要学习Java编程语言、Java类文件格式、Java虚拟机和Java应用程序接口
（Java API）、Java游戏项目开发等内容。</p>
            <p>Java是一种可以撰写跨平台应用软件的、面向对象的程序设计语
言。Java  技术具有良好的通用性、高效性、平台移植性和安全性，广泛应用于个人
PC、数据中心、游戏控制台、科学超级计算机、移动电话与互联网等，而且还拥有全
球最大的开发者专业社群。在全球云计算和移动互联网的行业环境下，Java具备显著
优势和广阔前景。</p>
        </section>
        <!--行业前景区域-->
        <section class="kcnr_2">
            <h1>行业前景</h1>
            <!--图像-->
            <div><img src="img/course/hyqj_1.png" alt="" /></div>
            <div><img src="img/course/hyqj_2.png" alt="" /></div>
            <div><img src="img/course/hyqj_3.png" alt="" /></div>
            <div><img src="img/course/hyqj_4.png" alt="" /></div>
        </section>
        <!--预约申请试听课区域-->
        <section class="kcnr_3">
            <h1>预约申请试听课</h1>
            <!--左侧容器-->
            <div class="fl">
                <h2>您的手机：</h2>
```

```
                    <input type="text" name="tel" placeholder="请输
入有效手机号码">
                    <input type="text" name="yzm" placeholder="请输
入验证码">
                    <input type="button" name="hqyzm" value="获取验
证码"/>
            </div>
            <!--右侧容器-->
            <div class="fr">
                    <h2>学习课程: </h2>
                    <input type="text" name="kc" placeholder="请输入
学习的课程"/>
            </div>
            <input type="button" name="sq" value="申请免费试听"/>
        </section>
    </section>
```

步骤 **2** 在 "course.css" 文件中添加不同的选择器和属性, 设置课程详情模块与课程内容模块的样式。具体可参照以下代码。

```
/*课程详情模块*/
/*设置课程详情模块容器的顶部边距与定位方法*/
.kcxq{margin-top:60px;position:relative;}
/*设置分类超链接容器的宽度、高度、边距半径与背景颜色*/
.kcxq_fl{width:170px;height:420px;
border-radius:12px;background-color:#5142EA;}
/*设置分类超链接的宽度、高度、颜色、边框半径、字体大小、字体粗细、边距
与左填充*/
.kcxq_fl a{width:140px;height:28px;
color:#FFFFFF;border-radius:8px;font-size:20px;
font-weight:bold;margin:11px 10px;padding-left:10px;}
/*设置选中的分类超链接与鼠标指针悬停时分类超链接的背景颜色与颜色*/
.kcxq_fl a:hover,.kcxq_fl a.a_actiove{
background-color:#FFFFFF;color:#5142EA;}
/*设置第1个分类超链接的顶部边距*/
```

```
div.kcxq_fl a:first-child{margin-top:20px;}
/*设置课程详情区域的定位方法、右边缘的位置与顶边缘的位置*/
.kcxq_xq{position:absolute;right:0px;top:0px;}
/*设置课程详情区域段落的字体大小、颜色、字体粗细与底部边距*/
.kcxq_xq>p{font-size:16px;color:#595757;font-weight:bold;
margin-bottom:25px;}
/*设置课程详情区域图像的边框半径*/
.kcxq_xq>img{border-radius:12px;}
/*设置课程大纲区域的宽度、高度与顶部边距*/
.kcxq_dg{width:990px;height:180px;margin-top:18px;}
/*设置课程大纲区域一级标题的书写模式、宽度、高度、字体大小、文本水平对
齐方式、边框半径、背景颜色、颜色、行高、定位方法与底边缘的位置*/
.kcxq_dg h1{writing-mode:vertical-lr;width:38px;
height:165px;font-size:24px;text-align:center;
border-radius:20px;background-color:#5142EA;color:#FFFFFF;
line-height:38px;position:absolute;bottom:5px;}
/*设置课程大纲容器的定位方法、右边缘的位置、底边缘的位置、宽度、高度、
边框半径与背景颜色*/
.kcxq_dg>div{position:absolute;right:0px;bottom:0px;
width:970px;height:176px;border-radius:12px;
background-color:#EDECFD;}
/*设置课程大纲内容的宽度、浮动与顶部边距*/
.kcxq_dg>div>div{width:140px;float:left;margin-top:25px;}
/*设置第1个课程大纲内容的左边距*/
.kcxq_dg>div div:first-child{margin-left:25px;}
/*设置课程大纲图像的顶部边距*/
.kcxq_dg>div img{margin-top:30px;}
/*设置课程大纲二级标题的字体大小、颜色、边距与文本水平对齐方式*/
.kcxq_dg>div>div>h2{font-size:18px;color:#5142EA;
margin:0px auto 12px auto;text-align:center;}
/*设置课程大纲段落的字体大小、颜色、底部边距、文本水平对齐方式与字体
粗细*/
.kcxq_dg>div>div>p{font-size:14px;color:#595757;
margin-bottom:9px;text-align:center;font-weight:bold;}
```

/*设置课程大纲装饰元素的宽度、高度、背景颜色与边距*/

```css
.kcxq_dg>div>div>div{width:20px;height:3px;
background-color:#A8A0F4;margin:12px auto;}
```

/*课程内容模块*/

/*设置课程内容模块容器的边距*/

```css
.kcnr{margin:20px auto;}
```

/*设置课程内容模块一级标题的字体大小、颜色、填充与底部边框*/

```css
.kcnr h1{font-size:24px;color:#5142EA;padding:20px;
border-bottom:2px solid #EDECFD;}
```

/*设置课程介绍区域段落的字体大小、颜色、文本首行缩进、行高、左边距与右边距*/

```css
.kcnr_1 p{font-size:14px;color:#595757;text-indent:2em;
line-height:28px;margin-left:20px;margin-right:20px;}
```

/*设置课程介绍区域第1个段落的顶部边距*/

```css
.kcnr_1 h1+p{margin-top:20px;}
```

/*设置行业前景区域的高度、宽度、边框半径、背景颜色与顶部边距*/

```css
.kcnr_2{height:270px;width:1200px;border-radius:20px;
background-color:#EDECFD;margin-top:30px;}
```

/*设置行业前景区域图像容器的宽度、高度、左边距、边框半径、背景颜色与浮动*/

```css
.kcnr_2 div{width:274px;height:175px;margin-left:21px;
border-radius:20px;background-color:#FFFFFF;float:left;}
```

/*设置行业前景区域图像的边距*/

```css
.kcnr_2 div img{margin:35px auto 0px auto;}
```

/*设置预约申请试听课区域的高度、宽度、顶部边距与定位方法*/

```css
.kcnr_3{height:340px;width:1200px;margin-top:20px;
position:relative;}
```

/*设置预约申请试听课区域二级标题的字体大小、颜色与填充*/

```css
.kcnr_3 h2{font-size:24px;color:#595757;padding:25px;}
```

/*设置预约申请试听课区域左侧容器的宽度*/

```css
.kcnr_3 .fl{width:630px;}
```

/*设置预约申请试听课区域右侧容器的宽度*/

```css
.kcnr_3 .fr{width:570px;}
```

/*设置预约申请试听课区域文本框的边框半径、高度、边框、背景颜色、字体大

小、颜色、文本首行缩进与左边距*/

```
.kcnr_3 input[type="text"]{border-radius:12px;height:48px;
border:none;background-color:#EDECFD;font-size:16px;
color:#9FA0A0;text-indent:1em;margin-left:15px;}
```

/*设置预约申请试听课区域手机号码文本框的宽度*/

```
.kcnr_3 input[name="tel"]{width:274px;}
```

/*设置预约申请试听课区域验证码文本框的宽度*/

```
.kcnr_3 input[name="yzm"]{width:168px;}
```

/*设置预约申请试听课区域学习课程文本框的宽度*/

```
.kcnr_3 input[name="kc"]{width:538px;}
```

/*设置预约申请试听课区域按钮的边框半径、高度、边框与颜色*/

```
.kcnr_3 input[type="button"]{border-radius:12px;
height:48px;border:none;color:#FFFFFF;}
```

/*设置预约申请试听课区域获取验证码按钮的宽度、字体大小、背景颜色与左边距*/

```
.kcnr_3 input[name="hqyzm"]{width:105px;font-size:16px;
background-color:#5142EA;margin-left:10px;}
```

/*设置预约申请试听课区域申请免费试听按钮的定位方法、底边缘的位置、左边缘的位置、宽度、字体大小与背景颜色*/

```
.kcnr_3 input[name="sq"]{position:absolute;bottom:35px;
left:440px;width:320px;font-size:24px;
background-color:#F03E38;}
```

任务五 测试与发布"爱学精品课"网站 ▼

 任务描述

　　网页制作完成后，需要先对网站进行链接测试，确保网站的正确性与完整性；然后申请域名与虚拟空间；最后发布网站。

![任务实施]

1. 测试网站链接

步骤 1 在"文件"面板中右击当前站点，在弹出的快捷菜单中选择"检查链接"/"整个本地站点"选项，如图8-5所示。

步骤 2 打开"链接检查器"面板（见图8-6），若有断掉的链接可双击链接进行修改。

图8-5 检查网站链接

图8-6 "链接检查器"面板

2. 申请域名与虚拟空间

联系客户公司，持营业执照及法人身份证复印件申请域名。域名申请成功后继续申请虚拟空间，得到服务商提供的账号和密码。

3. 发布网站

步骤 1 在"文件"面板中单击"定义服务器"按钮 定义服务器 ，打开"站点设置对象AXcourse"对话框。

步骤 2 在"服务器"界面中单击"添加新服务器"按钮**＋**，然后在打开界面的"服务器名称""FTP地址""用户名""密码"编辑框中分别输入服务器名称及服务商提供的FTP上传地址、FTP上传账号和FTP上传密码，最后单击"测试"按钮，测试服务器连接，如图8-7所示。

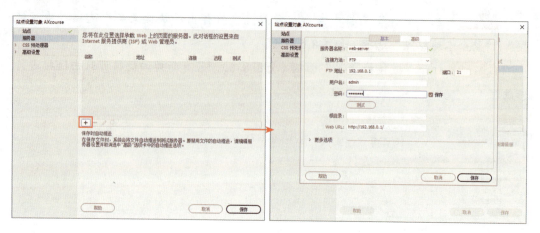

图8-7　测试服务器连接

步骤 3 若信息无误，将显示"成功连接到Web服务器"提示框，单击"确定"按钮。

步骤 4 返回"站点设置对象AXcourse"对话框，依次单击"保存"按钮。

步骤 5 在"文件"面板中右击当前站点，在弹出的快捷菜单中选择"上传"选项，打开"您确定要上传整个站点吗？"对话框，单击"确定"按钮。

步骤 6 开始上传文件，上传完毕后对话框自动关闭。

项目评价

请学生结合本项目的学习情况，对学习成果进行自评和互评（组内成员互相评分），请指导教师进行师评和总评，并将评价结果填入表8-1中。

表8-1　学习成果评价表

评价项目	评价内容	分值	评价得分		
			自评	互评	师评
知识（30%）	制作网站的具体流程	30分			
能力（50%）	使用Dreamweaver 2021制作网站	50分			
素养（20%）	具有自主学习意识，做好课前准备	5分			
	文明礼貌，遵守课堂纪律	5分			
	互帮互助，具有团队精神	5分			
	认真负责，按时完成学习、实践任务	5分			
合计		100分			
综合分数	综合分数：_____ 综合等级：_____	指导教师签字：_____			

注：综合分数可按照"自评（25%）+互评（25%）+师评（50%）"进行计算；综合等级可以"优"（90分≤综合分数≤100分）、"良"（80分≤综合分数＜90分）、"中"（60分≤综合分数＜80分）、"差"（综合分数＜60分）为标准进行评价。

项目八　实战案例——制作『爱学精品课』网站

219

参考文献

［1］陈艳平. 网页设计与制作案例教程：微课版［M］. 北京：清华大学出版社，2023.

［2］王任华. 网页设计与制作应用教程［M］. 3版. 北京：机械工业出版社，2021.

［3］李敏. 网页设计与制作微课教程［M］. 4版. 北京：电子工业出版社，2020.

［4］袁明兰，王华，郦丽华. HTML5+CSS3项目开发案例教程［M］. 上海：上海交通大学出版社，2020.